动物原来是这样
倔强的虫子

张瑄珩/编著

上海科学普及出版社

图书在版编目（CIP）数据

倔强的虫子 / 张瑄珩编著. -- 上海：上海科学普及出版社，2015.1
（动物原来是这样）
ISBN 978-7-5427-6133-0

Ⅰ.①倔… Ⅱ.①张… Ⅲ.①昆虫—普及读物 Ⅳ.①Q96-49

中国版本图书馆CIP数据核字(2015)第116210号

倔强的虫子

张瑄珩　编著

出版发行：上海科学普及出版社
邮　　编：200070
地　　址：上海市中山北路832号
网　　址：http://www.pspsh.com
经　　销：新华书店
印　　刷：三河市汇鑫印务有限公司
开　　本：720毫米x1000毫米　1/16
印　　张：8
字　　数：100千字
版　　次：2015年1月第1版
印　　次：2015年1月第1次印刷
书　　号：ISBN 978-7-5427-6133-0
定　　价：24.80元

目录

生命力最顽强的昆虫——蟑螂 1

带剪刀的昆虫——蠼螋（qúsōu）............ 3

按规矩办事的代表——赤铜短尾小蜂 5

走到哪吃到哪的终结者——劫蚁 7

自然界的清道夫——蜣螂 9

独特的跳高运动员——磕头虫 11

舞蹈大师——石蚕蛾 13

挥舞镰刀的大肚将军——螳螂 15

天生的歌唱家——蝈蝈 17

住进人类家中的昆虫——突灶螽 19

远途飞行的高手——飞虱 21

挖洞和打洞的高手——蝉 23

可以用鳃呼吸的昆虫——泥蛉 25

速度极快的捕食者——闪蓝丽大蜻 27

长着两对眼睛的臭虫——花生头臭虫 29

目录

蛹上带刺的自我保护法——飞蛾 31

挖陷阱的猎人——蚁狮 33

陆地上的"龙虾"——豪勋爵岛竹节虫 35

天才建筑大师——三齿壁蜂 37

松土的专家——蚯蚓 39

口器锐利,吸血无声息——跳蚤 41

马胃里长大的蝇——马胃蝇 43

要找有实力的寄主——蚤蝇 45

趁寄主不注意提早下手——肉蝇 47

选择寄主,先考虑宝宝——寄蝇 49

可怕的寄生虫——蛔虫 51

卵上长柄,为了寄生——姬蜂 53

戴着面罩的水中"变色龙"——水虿(chài) 55

大量产卵保证种族延续——赤眼蜂 57

虫卵大量分裂杀死寄主——棉铃虫多胚跳小蜂 59

目录

装死躲避战争——花绒坚甲虫..................61

会放毒的跳远能手——纺织娘..................63

善于隐藏的懒虫——树螽........................65

最会推圆球的大力士——舒氏西绪福斯..................67

会装死的土行孙——铜绿丽金龟..................69

用发光搞定终生大事的爱情专家——萤火虫..................71

化粪便为糕点的美食专家——圣甲虫..................73

会变色的武者——独角仙..................75

冬天寄居在人类屋里的害虫——菜豆象..................77

会烤面包的大厨——蒂菲粪金龟..................79

带着刺和毒液防御敌人的敢死队——蜜蜂..................81

能在沙里乘凉的益虫——金步甲..................83

用歌声联络伙伴的歌唱家——灰蝗虫..................85

会炼毒药的狠角色——燕尾蝶..................87

给卵盖上白毛的毒虫——赤条蝽..................89

目录

善用大颚的挑食者——桑天牛 91

爱护眼睛的神枪手——盗虻 93

用精良装备抵御敌人的寄生者——瘿(yīng)蚊 95

会粉刷房屋的歌唱家——呜呜蝉 97

与叶蝇合作,打扫卫生——猎镰猛蚁 99

为幼蚁洗脑的蚁族——蓄奴蚁 101

审时度势的攻击团体——食人蚁 103

分泌物就能搞破坏——白蚁 105

用粪便当武器的自然守护者——埋葬虫 107

诱惑敌人,瞅准时机再下手——水螳螂 109

身披铠甲的跳跃能手——蚤蝼 111

爱耍气雾弹的高手——豉甲 113

生孩子才是蜜月的真正目的——摇蚊(幼虫)... 115

没有脚,吸盘更方便——刺蛾 118

潜入蜂巢产卵的霸主——螟(míng)蛾 120

倔强的虫子

蟑 螂

类目：昆虫纲蜚蠊(fēi lián)目蜚蠊科

体长：20~70毫米

生命力最顽强的昆虫

在几亿年的漫长进化过程中，蟑螂的样子并没有发生太大的改变，它们通常呈黑褐色，身体扁平，脑袋很小，有着长长的丝状的触角，翅膀是平的，前翅是硬硬的革质翅膀，后翅是膜质的，前翅和后翅的大小差不多，但是有些种类的蟑螂没有翅膀。

现在世界上发现的蟑螂已经有4000多种，它们属于地球上最为古老的昆虫之一，早在恐龙时代就已经存在了。它们现在主要生活在热带和亚热带的地方，在室内和野外都可以生存。

●什么都能吃的蟑螂

蟑螂是当之无愧的"吃货"，它们可以消化任何植物和动物。为什么它们能够成为专业的食客呢？这其实和它们肠道液囊中的原生动物密不可分。比如，它们本身不能消化木材，但寄生在它们体内的原生动物有这个能力，于是，原生动物帮助蟑螂消化木材，蟑螂则为它们提供住所和食物。

●强大的育儿方式

蟑螂对后代的照料很有趣。让人震惊的是，它们可以一边抵御外敌，一边照顾自己的孩子。当危险来临的时候，蟑螂妈妈会把身体卷成一个球把孩子的口器藏在自己身下的小凹点里，通过凹点给孩子喂食。

●多种多样的御敌战术

所谓实践出真知，蟑螂为了抵抗来自四面八方的敌人，研究出了各种各样的御敌战术，最简单的就是装死。有些蟑螂在装死的同时还能释放一种有腐臭味的化学物质，仿佛在告诉敌人："看，我不仅死了，还发臭了。你还是找别的食物去吧，不然会吃坏肚子的。"还有些蟑螂会使用生化武器进行防御。它们会以不同的方式释放一种酸性乳状液体，并慢慢流出，让对手在神不知鬼不觉的情况下中弹；也可突然从后面射出，打得对手晕头转向。还有更厉害的蟑螂，它们会像特种兵一样伪装自己，如装成瓢虫的样子，骗过不喜欢吃瓢虫的敌人，成功保住小命。

倔强的虫子

动物档案

蠼 螋（qú sǒu）

类目：昆虫纲革翅目蠼螋科

体长：5~50毫米

带剪刀的昆虫

蠼螋的身体又细又长，呈扁平状。脑袋是扁宽型的，长着不太长的丝状触角。它们的表面呈硬硬的革质化状态，看上去闪闪发亮，有的有翅膀，有的则没有。那些有翅膀的，前翅都特化成一种很小的革翅，后翅则很大，是膜质的。不飞的时候，它们的后翅会折叠在前翅的下面，不过由于后翅太大了，经常会在前翅下露出一部分来。

蠼螋属于杂食性的一种昆虫，主要分布在亚热带和热带地区，一般在树皮的小缝隙之中生活，有的时候也住在枯朽的木头里面或者成堆的落叶之下。通常情况下，它们喜欢那种阴暗潮湿的环境。

● 选丈夫，要尾铗（jiá）最大的

对于一只蠼螋来说，尾铗是个至关重要的宝物。因为尾铗不仅是防御用的武器，也能用来清洁和折叠后翅。在交配期，雌性蠼螋当然要选一个不仅能够保护自己还更爱干净的好丈夫。所以，它们在选择对象的时候，经常会选择尾铗最大的那个。这样家里的保卫工作就可以交给丈夫去办了。

● 尽职的母亲

雌蠼螋在交配之后，就开始产卵。它们会把卵藏在石头或者木头的下面，并会像卫士一样保护着它们的安全。为了使孩子保持清洁，避免感染真菌，蠼螋妈妈还会定期给它们洗一回澡，把卵上下舔一

遍。卵孵化成了幼虫，蠼螋母亲还会继续照顾，给它们找来合适的食物，有时候还会把吃下去的食物反刍出来喂给幼虫。可见蠼螋的母爱多么强烈——很少有昆虫能做到它们那么细致。很多虫子母亲不会照顾孩子太久，但蠼螋母亲会一直照顾到若虫进化为成虫才离开孩子。这可以称得上是昆虫母亲的楷模了。

● 貌似很强大，实则没什么战斗力

蠼螋的尾部有一个大大的尾铗，这可以说是一种耀武扬威的资本。当它们遇到小虫时，一般都会翘起尾铗，向小虫展示自己的强大——事实上它们是外强中干。虽然有这样一个看似强大的武器，但攻击力其实很弱。遇到强敌时，它们绝不会再摆出来，而是干脆倒地装死，让对手打消攻击它的念头，最后趁机逃跑。

● 释放化学气体，争取逃跑时间

蠼螋的腹部有一个腺囊，可以产生一种很臭的气体。它们倒地装死后，敌人一定会靠近，这时，它们便喷出臭气，让敌人不愿靠近，于是，蠼螋便争取了逃跑的时间。

倔强的虫子

动物档案

赤铜短尾小蜂

类目：昆虫纲膜翅目蜂科

体长：大约3毫米

按规矩办事的代表

赤铜短尾小蜂的身体呈赤铜色，眼睛为珊瑚色，身体特别小，甚至还不如普通的蚊子大。

它的幼虫一般是白色的，形状像一个小梭子，看上去好像分成好几节，体表有十分细的一层绒毛。它的头类似小圆扣，直径比身体小很多，在上颚有着红褐色的两个尖突，色彩由尖端到底部渐渐变浅。但是幼虫没长下颚，所以一般进食的时候要固定于猎物身上才行。

● **寄生，要有足够耐心**

赤铜短尾小蜂是一种寄生蜂，而且它对被寄生的蜂类无论是什么品种都不在乎。在向这些被寄生的可怜虫的茧里产卵时，赤铜短尾小蜂要有足够的耐心。它将卵管粘贴在茧上，用尖端摸索，然后将钻探丝努力地向茧内钻入。整个过程说来容易做来难，赤铜短尾小蜂几乎要试上十几次才能成功地将钻探丝深入猎物的茧里。不急不躁地耐心等待，是赤铜短尾小峰的又一项生存智慧。

● **懂数学的昆虫妈妈**

赤铜短尾小蜂妈妈的数学学得很好，它总会让食物和自己的幼虫的量保持一定恰当的比例。在大些的寄生茧里产多少卵，在小些的寄生茧里产多少卵，赤铜短尾小蜂妈妈心里一清二楚。能够根据食物的多少来产多少卵，对它来说是件非常了不起的事情，凭借自己出色的

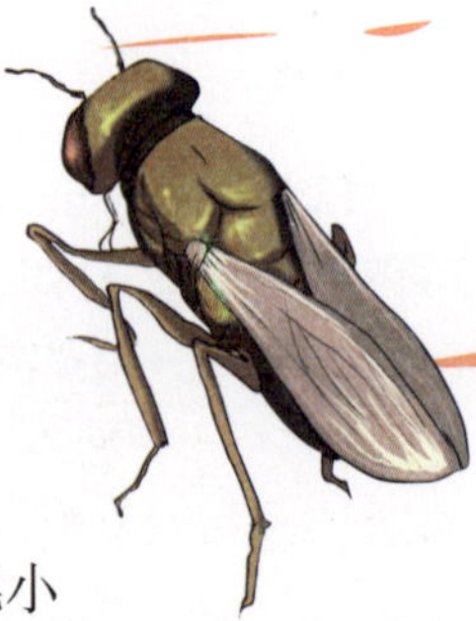

才能，它保障了自己的子女能有充足的食物来源以度过一个无忧无虑的童年。

● 通力合作，打穿蜂房

与所有的蜂类一样，赤铜短尾小蜂也是要挖破蜂房出来的。这一过程困难重重，然而对于具有合作精神的赤铜短尾小蜂来说却是小事一桩。第一只幼虫在前面挖洞，体力不支了就回到后面去休息，后面一只会补上来，直到第三只来接替工作。就这样始终有人干活，一个接一个，没活干的大队人马静静地等在一旁。凭借着如此"前累后继"的工作方式，坚硬的蜂巢在几个小时内就会被打穿。

倔强的虫子

劫 蚁

类目：昆虫纲膜翅目蚁科

体长：10毫米左右

走到哪吃到哪的终结者

劫蚁个头并不大，差不多有人类大拇指的一半长，整个身体都是黑色的，长着一对细细的触角，嘴十分厉害，能在片刻的时间里将好几层衣服咬穿。

它们通常在热带森林里生活，成群结队地觅食，无论是多么凶猛的动物，见了它们都会落荒而逃。

●先侦察，后组团

劫蚁在寻找食物的时候并不盲目。它们通常像一支军队一样，先派一些侦察兵去前面寻找食物，大部分的劫蚁则扎营休息，等到侦察兵确认情况之后，它们才开始采取行动。

劫蚁从来不单独行动。每次行动前，它们要招呼成千上万的同类，一起出发。在气势上，就能吓得敌人落荒而逃。

●休息的时候，也不能掉以轻心

劫蚁因为经常要进行"抢劫"活动，所以居无定所。在休息的时候，它们会互相勾连在一起，聚成一堆形成一个活的大球，把孩子、女王和食物放在中间，这样就能够让它们得到保护，把发生意外的情况降到最低。劫蚁如此谨慎小心的个性，让它们能够长久地生存下去。

动物原来是这样

●制服大蟒蛇

曾经有这样真实的一幕：一条倒霉的大蟒蛇不小心碰到了一群劫蚁。开始的时候，两个先行者爬到了蟒蛇的身上，狠狠地咬了一口，但是很快这两个前锋就光荣牺牲了。劫蚁部队观察了一会儿，商量完作战方案之后，劫蚁部队就蜂拥而上，它们采取了死缠烂打的战略，大蟒蛇很快就被制服了。在大群劫蚁的噬咬下，几个小时之后，原本六米长的蟒蛇便只剩下骨架了。

倔强的虫子

蜣　螂

类目：昆虫纲鞘翅目金龟子科

体长：10～100毫米

自然界的清道夫

蜣螂通常黑色或黑褐色，是一种大中型的昆虫，目前地球上所知道的蜣螂中，最大的可以达到10厘米长。因为它们经常吃那些动物的粪便，因此人们将它们称为"屎壳郎"。

蜣螂的方向感非常强，它们身上自带一种定位系统，可以根据月光的偏振来辨明方向。世界上目前发现的蜣螂种类有2万多种，除了南极洲以外，几乎任何地方都有它们的足迹。

● **蜣螂夫妻滚粪球**

蜣螂被称为"屎壳郎"，虫如其名，它就是一种爱滚粪球的虫子。蜣螂在滚粪球方面有着独家绝技。它们用前肢把粪便团成小球，然后前肢着地，用后肢不停地倒蹬着粪球滚动，在前后肢的配合下，让粪球在滚动中粘上粪便和小树叶，这样粪球就越滚越大了。一系列的动作下来，蜣螂能够滚出比自己身体大几倍的粪球。如果实在是能力有限，它们还懂得叫上同伴帮忙。当然这个同伴可不是一般的同伴哟！所谓男女搭配，干活不累，蜣螂经常叫来异性合作，一前一后，一推一拉，带着大粪球"夫妻双双把家还"啰！它们之所以要制造这种粪球，是因为要用来做自己宝宝的食物。蜣螂会把卵产在粪球里，这样小宝宝一出生就可以大吃特吃了。

动物原来是这样

● 滚个球太难，干脆去抢

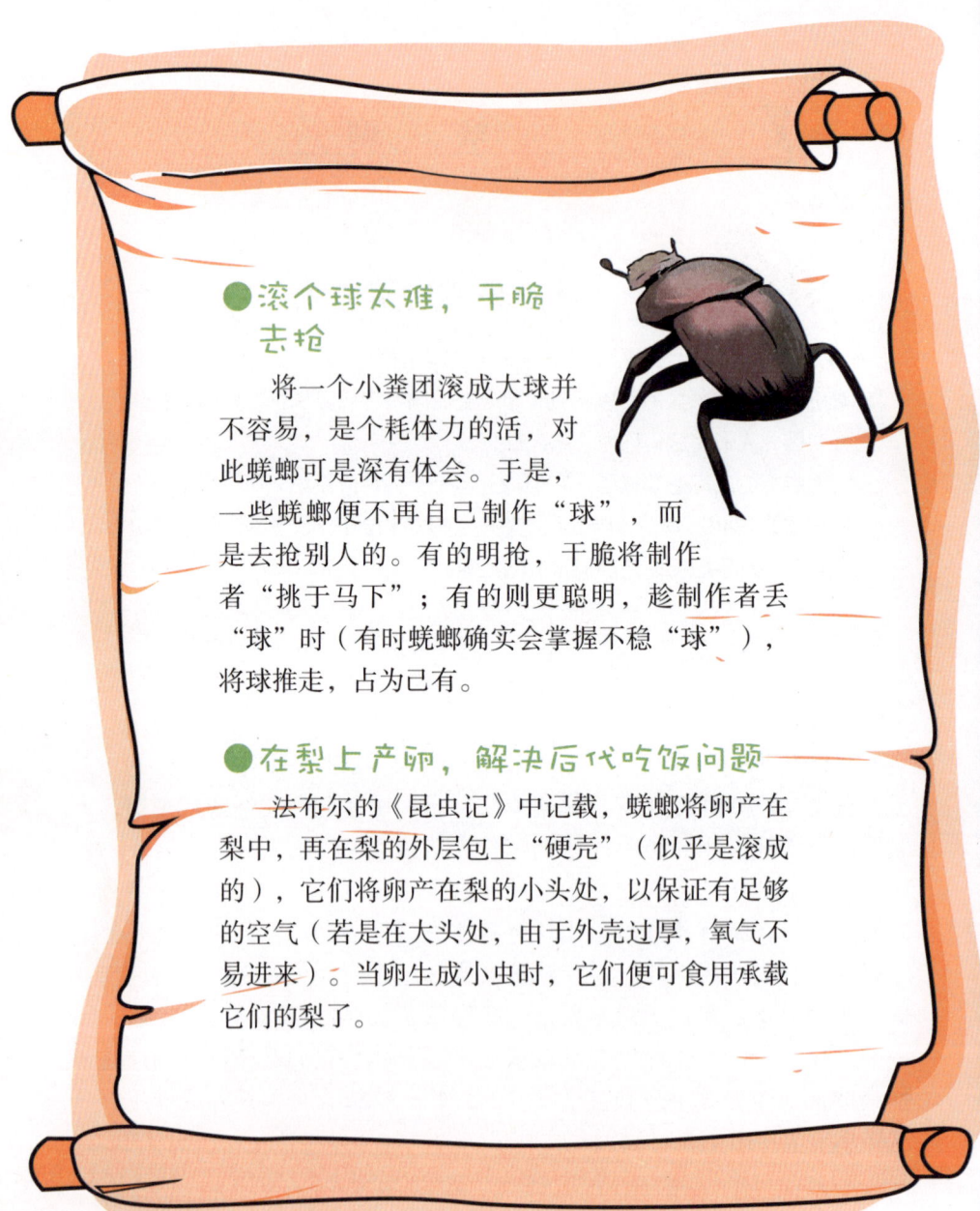

将一个小粪团滚成大球并不容易，是个耗体力的活，对此蜣螂可是深有体会。于是，一些蜣螂便不再自己制作"球"，而是去抢别人的。有的明抢，干脆将制作者"挑于马下"；有的则更聪明，趁制作者丢"球"时（有时蜣螂确实会掌握不稳"球"），将球推走，占为己有。

● 在梨上产卵，解决后代吃饭问题

法布尔的《昆虫记》中记载，蜣螂将卵产在梨中，再在梨的外层包上"硬壳"（似乎是滚成的），它们将卵产在梨的小头处，以保证有足够的空气（若是在大头处，由于外壳过厚，氧气不易进来）。当卵生成小虫时，它们便可食用承载它们的梨了。

倔强的虫子

动物档案

磕头虫

类目：昆虫纲鞘翅目叩头虫科

体长：10毫米以下

独特的跳高运动员

磕头虫长着六条短短的小腿，只能用来爬行，但是它的身上却有一个类似合页的机关，当它仰面朝天躺在地上的时候，就可以通过这个机关，将自己弹到很高的地方去。

● 把地当蹦床，弹高逃跑

磕头虫是种十分有趣的昆虫。在遇到危险的时候，它们经常会躺在地上不动，当敌人小心翼翼地接近的时候，它们会突然跳得老高趁机逃跑。它们是怎样跳跃的呢？当磕头虫腹部朝天的时候，它们将头用力向后仰，隆起背部，在身下形成一个三角形的空区，然后突然猛烈撞击地面，用反作用力弹向天空。在空中时，它们会趁机来一个后滚翻，把身子翻转过来，以便平稳地落地。落地之后，它们就会快速逃跑。磕头虫有三对又短又小的胸足，这些胸足除了用来爬行之外，毫无用处。

● 磕头求爱

雄虫磕头虫的求爱方式不仅特别，而且还很滑稽。当它们寻找到心仪的雌性磕头虫时，雄虫会以"磕头"的方式向雌虫表达爱意。同时，磕头所发出的声响也是种"爱情密码"，不停地磕头就如同诉说甜言蜜语。假如雌虫被雄虫的虔诚所打动，它会赶忙跑到雄虫的身边，从此出入成双。

动物原来是这样

● 灵敏的触角感受器

磕头虫的触角是一个灵敏的多功能感受器。它们的触角能够感知温度、湿度和振动，甚至是气味的微小变化，从而根据环境情况来决定自己的下一步行动。

动物档案

石蚕蛾

类目：昆虫纲毛翅目石蚕蛾科

体长：2~4毫米

舞蹈大师

石蚕蛾是一种小型的昆虫，它的头和前胸背板都是黑的，而翅膀是褐色的，脚又细又长，在一个地方静止不动的时候，像一个屋顶一样。

● 天生的建筑大师

石蚕蛾往往在幼虫时期就要学会建造自己的窝了。它们的妈妈直接将卵产在水里或是水生植物上，产完卵后就飞走了。孵化出来的石蚕蛾幼虫无依无靠，必须凭借自己的力量来造窝。它们因地制宜，使用胶状物或吐出来的丝将一些细小的物质粘在一起做成一个壳，这就成了自己的窝；还有的就在水下的石头间建起一张网，既能住，还能捕捉一些浮游生物充当食物，卧室与厨房合二为一，十分妙！

● 有毛的翅膀飞得快

石蚕蛾凭借附有一层绒毛的双翅，可以飞得更快、更稳。它们狭长的前翅之间，庞大的后翅之间都有一个接头将它们牢牢连结在一起，翅膀通过纤毛相连接，严严实实地粘在身体之上。当发现敌人靠近的时候，紧密的绒毛可以使它们迅速张开翅膀，发挥自己飞行的天赋，将敌人远远地甩在后头。

动物原来是这样

● 要想找伴侣，就翩翩起舞吧

    石蚕蛾喜欢通过浪漫的舞蹈来向异性表白爱意，因此学会优雅的舞步尤为重要。它们平日里经常不断舞动旋转，就是为了磨练自己的舞技。在半空之中，刚羽化的雄虫会大量聚集成一个竖直排列的舞阵，声势浩大，借此来吸引雌性。当雌性靠近时，雄性便会持续进行着优美的舞蹈，表白爱意。

倔强的虫子

动物档案

螳　螂

类目：昆虫纲螳螂目螳螂科

体长：70～100毫米

挥舞镰刀的大肚将军

螳螂的身体是长长的形状，一般是绿色的。它的头是一种非常奇特的三角形，活动起来非常方便，上面长着一对细长的触角。它的眼睛又大又亮，视力非常好，前腿比其他的腿都要粗壮，像两把大镰刀一样，上面有很多尖尖的刺，可以用来捕捉猎物。它的前翅是皮质的，飞行的时候依靠膜质的后翅，肚子又大又肥，占据了身体的大部分。

螳螂的分布区域非常广，除了极地地区以外，差不多在世界各地都有它们的足迹，尤其是在热带地区，分布最多。全世界目前发现的螳螂种类大约有2000种。

● **强大的伪装术**

螳螂是个伪装界的大师。伪装能够帮助它们成功逃脱对手的追杀，也能够帮助它们成功捕获猎物。那么它们是怎么进行伪装的呢？有些螳螂会随着环境的变化而变化，比如一场大火过后，螳螂就会把体色变为树叶烧枯的颜色；有些螳螂能把自己伪装成草尖或绿油油的树叶。

● **先小心埋伏，后迅速进攻**

螳螂非常善于埋伏，如果有猎物从面前经过，它们的脑袋和前胸会跟随目标缓慢移动。一旦目标进入捕捉的范围内，它们就会快速发起进攻。凭借着对移动物体的敏锐感，它们还能够快速地抓住半空中

动物原来是这样

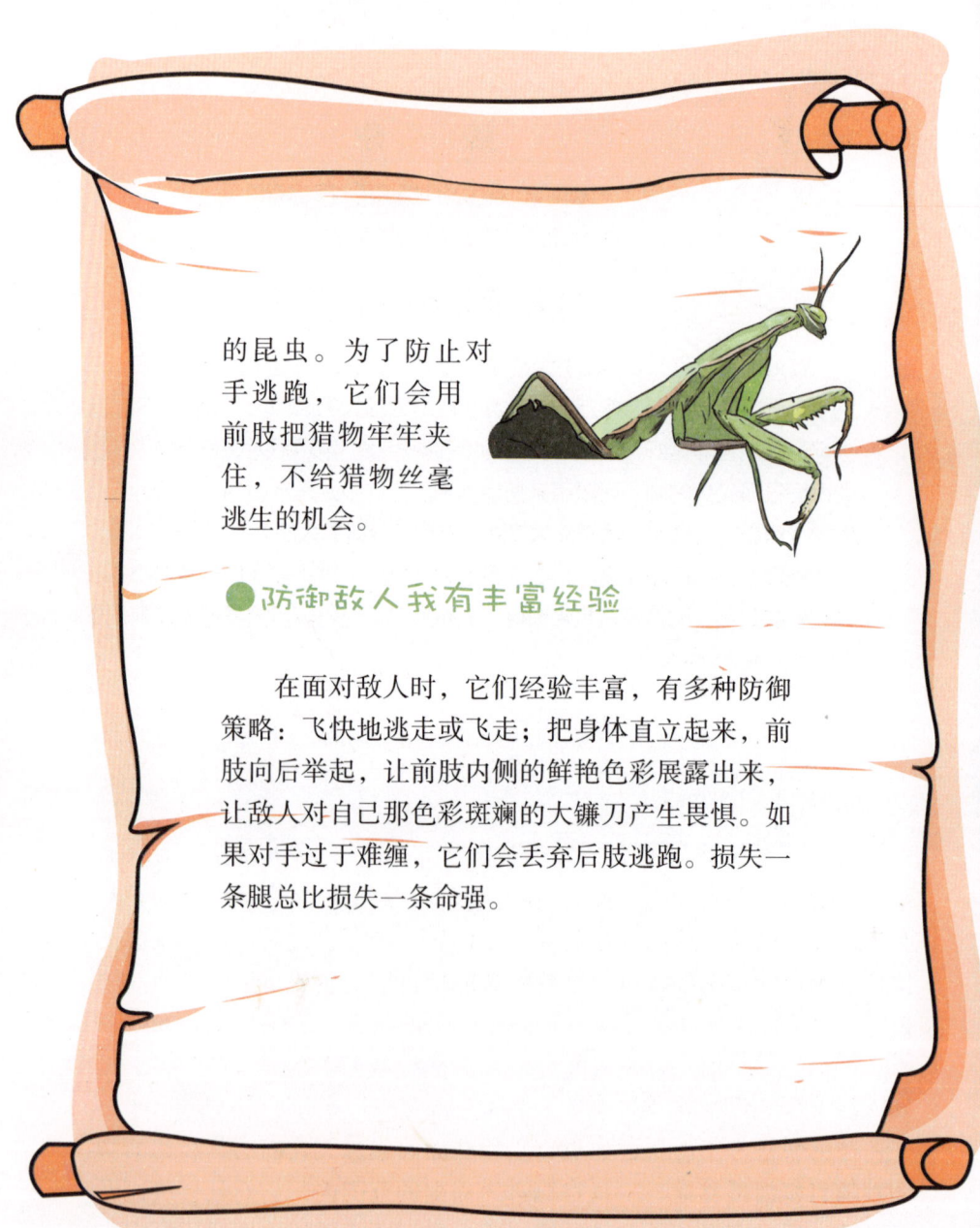

的昆虫。为了防止对手逃跑，它们会用前肢把猎物牢牢夹住，不给猎物丝毫逃生的机会。

● 防御敌人我有丰富经验

在面对敌人时，它们经验丰富，有多种防御策略：飞快地逃走或飞走；把身体直立起来，前肢向后举起，让前肢内侧的鲜艳色彩展露出来，让敌人对自己那色彩斑斓的大镰刀产生畏惧。如果对手过于难缠，它们会丢弃后肢逃跑。损失一条腿总比损失一条命强。

倔强的虫子

蝈　蝈

类目：昆虫纲直翅目螽斯科

体长：40~55毫米

天生的歌唱家

蝈蝈通常情况下是黄绿色或者鲜绿色的，它的身体一般是圆柱形或者略扁的形状，头上的一对触角是丝状的，又细又长，一般会比它的身体还长。它们有的翅膀非常发达，有的则没有翅膀。它们的大腿非常发达，十分擅长跳跃，在遇到危险的时候可以快速跳跃躲避敌人。那些有翅膀的雄性蝈蝈，在前翅的附近存在发音器，可以发出响亮的鸣叫声。

●遇到天敌，假扮树叶或蹦跳离开

蝈蝈是个天生的演员，它们遇到敌人，在逃不了的情况下，会充分利用自己身体保护色的优势，假扮成一片树叶或枯叶。当敌人靠近的时候，它们就会安静下来，像树叶一样来回摇动。很多时候，天敌就被它们的伪装技术骗过了。还有时候，它们会依靠自己发达的后腿，突然蹦跳着离开，敌人想抓也抓不到，只能眼巴巴地看着猎物从嘴边跑掉。

●唱歌吸引心仪的"姑娘"，同时威慑敌人

雄性蝈蝈是昆虫界有名的歌唱家。但它们发声并不是用嘴巴，而是通过两扇前翅摩擦发出醇美响亮的声音。在求偶期，它们会用声音把自己心仪的"姑娘"吸引过来。同时声音也在告诉敌人："我很可怕，你别过来，不然你就惨了！"

动物原来是这样

● 即使被人类误解，我依然捕食害虫

在很多人的眼中蝈蝈是一种害虫。其实蝈蝈的食肉性强于食植性。它们并没有因为人类的误解受到丝毫的影响，依然每天勤快地以捕捉昆虫和田间的害虫，是田间的小卫士。蝈蝈会充分利用自己善于跳跃的本领，快速地抓住田间的黄粉虫等害虫。

动物档案

突灶螽(zhōng)

类目：昆虫纲直翅目穴螽科

体长：36~38毫米

住进人类家中的昆虫

突灶螽的身体颜色各不相同，不过通常都是在红褐色到黑褐色之间。它们的身体非常宽大，而且背部隆起来，就像是驼背的老头一样，因此人们也叫它"驼螽"。它的身体表面非常坚硬，前胸的背板上有两条不是特别显眼的纵纹，没有翅膀，长有六条长长的腿，后脚的腿节非常强健，可以通过后腿的摩擦来发出鸣叫声。

突灶螽通常都是在傍晚时分才开始外出活动的。它们属于杂食性的昆虫，有时候也吃那些比它们小的昆虫。它们的分布非常广，基本上在世界各地都有，而且一年四季都是它们的生长繁殖季节。

●穿上保护衣，我就不怕了

突灶螽有一身坚实的体表，犹如天生的"防弹衣"，因此很少有昆虫能够伤到它。突灶螽知道自己的外壳坚硬，所以经常到田间捕捉一些小昆虫。这些小昆虫的防御措施对体表坚硬的突灶螽来说，简直就是小巫见大巫。于是小昆虫们只好乖乖地束手就擒。

●秋天入住人类的温暖厨房

突灶螽是昆虫中分布最广的一种，而且一年四季都能看到它们的身影。那么它们要怎样适应四季的变化呢？在夏天的时候，食物丰富，突灶螽会呆在田野里，捕食猎物。而到了秋天，它们就到人类的家里借宿，会住进到厨房等地方。当然选择这些地方也是有原因的，

动物原来是这样

因为在这些地方不仅温暖，而且还有充足的食物供给，使它们能够安全地度过冬季。

● 看突灶螽利用重力蜕掉老皮

突灶螽在冬季的时候，会把卵埋在土里，到了第二年夏天，一龄若虫就会破土而出。这时候，它们要进行一项艰巨的任务——蜕皮。但它们的力量实在是太小了，自己根本不能把老皮挣脱掉。于是，它们想到了一种方法：把自己挂在植物上，利用重力把老皮脱掉。经过几次蜕皮之后，它们就变为成虫了。

倔强的虫子

动物档案

飞虱

类目：昆虫纲同翅目飞虱科

体长：5毫米以下

远途飞行的高手

飞虱有短翅和长翅型两种，身体呈现出灰黄色或者浅黄色，头顶相对比较狭，在它们的复眼前面突出来，面部存在三条向外凸出的纵脊，脊的颜色较淡，而沟的颜色较深，看上去黑白分明。它们的胸背小盾板中间长着一个五角形的斑，有的是蓝白色，有的是白色。

●将虫卵产在植物里

飞虱不耐低温，在低温条件下寿命很短，脆弱的幼虫更是难以生存。为了保证自己的孩子不被严寒夺去生命，聪明的飞虱妈妈将自己的虫卵产在植物的根叶组织里。这样有三大好处：第一，植物因为光合作用，会源源不断地产生热量，置身于植物中的幼虫不至于被冻死；第二，幼虫肚子饿时，随时随地可以啃食周围的植物，不至于挨饿；第三，在植物的包裹下，幼虫的安全系数大大提升，不会被凶猛的敌人发现并吃掉。

●躲避严寒，我们南飞

既然飞虱的虫卵能够越冬，飞虱成虫们也自然有应对严寒的方法。飞虱，名如其虫，虫如其名，是个善于远距离飞行的飞行高手。当冬天来临时，中国的飞虱就会由北方飞到南方来躲避寒冬。而到植物生长季节时，飞虱又会由南方向北方飞迁，侵入农田为害。

动物原来是这样

●飞虱与众不同的取食方式

飞虱的取食方式也是相当独特的。它取食时，口针会伸至叶鞘韧皮部，由唾腺分泌物沿口针凝成口针鞘抽吸汁液。而且它还专挑植株嫩绿、隐蔽的部分，先在中央密集为害，然后蔓延至四周。

倔强的虫子

蝉

类目：昆虫纲同翅目蝉科
体长：35～38毫米

挖洞和打洞的高手

蝉长着两对膜翅，复眼非常大，突出在外面，有三个单眼。雄性的蝉在肚子上长着发音器，可以发出刺耳的声音，让人听起来非常烦躁。雌性的蝉没有发音器，却有着听器。蝉是一种中型到大型的昆虫，全世界有2000多种。蝉分布最多的地区是热带，在沙漠、森林和草原都可以栖息。

蝉是一种不完全变态的昆虫，从卵和幼虫直接变成成虫，不需要经过蛹这个时期。蝉的幼虫要在黑暗的地下经过两三年的时间，有时候会更长。在这段漫长的时间里，它们通过吸食树根上的汁液活着。

● 在树木上挖出小井，吸吮汁液

蝉靠吸食树的汁液为生。然而，即使树木再没用，也有一层树皮做保护膜，使那些想从树木身上吸取汁液的昆虫望而止步。为了对付树木的保护膜，蝉特地改造了自己的口器使其更加坚硬，可以"挖开"树皮，而不会被磨损。它们连续不断地挖掘，一直挖到可以尽情吮吸到香甜的树汁的地方，才会停下来。

动物原来是这样

● 高明的粉刷匠

蝉的幼虫也是高明的粉刷匠。由于要在地下待上3~5年才能变为成虫，因此一个漂亮舒适的地下卧室对蝉来说就显得尤为重要了。然而，蝉是在干燥的土壤中挖洞的，很容易出现塌方。蝉的幼虫是如何解决这一问题的呢？原来，蝉的幼虫比成熟时体型要大，并且体内充满液体，就像患了水肿一样，在挖洞时，这些液体便会分泌出来与沙土混合形成稀泥。蝉就像一个高明的粉刷匠，将稀泥均匀地涂在洞壁上，如此一来，洞就不容易塌方了。

倔强的虫子

动物档案

泥 蛉

类目：昆虫纲广翅目泥蛉科
体长：25毫米以下

可以用鳃呼吸的昆虫

泥蛉长着长长的丝状触角，有两对大大的膜质翅膀，后翅的一部分呈折叠起来的扇状。成虫的颜色比较深，反应比较迟缓，不擅长飞行，经常在岸边生长的植物上面栖息，特别是在桤木上面。泥蛉的幼虫生活在水里，有咀嚼式的口器，肚子上长着7～8对气管鳃主要用来呼吸。这些幼虫经常在池、河的底上爬行，以捕食小昆虫为生。

● 有鳃的泥蛉幼虫

泥蛉的幼虫生活在水里。可是在水里，这些小虫子是怎样呼吸的呢？别担心，泥蛉早就想好了应对方法。泥蛉幼虫身上长有像鱼那样可供呼吸的鳃，并且还有七对之多，当然样子肯定和鱼鳃有着很大的差别，但作用是一样的。鳃能有规律地伸缩，让水流嗖嗖地通过，为幼虫供应氧气。

动物原来是这样

● 谁说大颚无用,雌性喜欢

雄性泥蛉成虫长有巨大的獠牙状的颚,其长度是头部长度的三倍,可谓威风至极。然而,如此威武的大颚竟无用武之地,因为泥蛉成虫几乎是不进食的。唉,难道泥蛉是白长了一对有力的大颚了吗?倒也不是,在交配前,雄性大颚的漂亮程度可是雌性择偶的一个重要标准。

倔强的虫子

闪蓝丽大蜻

类目：昆虫纲差翅亚目大蜻科

体长：58毫米左右

速度极快的捕食者

闪蓝丽大蜻是一种身体比较大的昆虫，胸部呈黑色，还带着一种绿色的金属光泽。它的翅膀是透明的，长着黑色的腿，而且腿的根部有黄色的斑。它的肚子也是黑色的，同样带有黄斑，雄性的第二腹节上面有一种凸起，像耳朵一样。

雌性的闪蓝丽大蜻身上不存在产卵器，因此它们产卵的时候就会飞到水面上，不停地点击水面，把卵产到水里去。它们的幼虫长着六条长长的腿，样子和蜘蛛差不多。

●伪装高手，避敌捕食

闪蓝丽大蜻生活在水里的幼虫，也是昆虫世界中的伪装高手。它的幼虫常栖息在淤泥底下（一般是黄色的泥土）一动不动，只露出两个眼睛和两条触角来感觉外面的环境变化。除非是它自己肯动一动，否则你根本无法在一片淤泥中辨出它来。它就是凭借这样的伪装术，来逃避敌害和捕食的。

●闪电突袭

隐藏在黄泥里的闪蓝丽大蜻幼虫一动不动，静等猎物的出现。当它那双大大的复眼观察到有猎物出现时，便立刻发动突袭，整套动作用时不到三百分之一秒，速度之快可想而知。然后它用自己那强有力的大颚紧紧地把猎物夹住送往口中。

动物原来是这样

● 太阳赐给它力量

羽化后的闪蓝丽大蜻的身上湿冷，无法立即飞行，它只好先晾干自己的身体。晾干身体后，闪蓝丽大蜻还需要能量来启动自己那宽大的飞行肌。这时它便向像太阳求助。它会一动不动地栖息在一根树枝上，晒上几个小时。当它的身体暖和过来以后，便可亮翅高飞了。它的翅膀会在太阳照射下反射出美丽的蓝色光泽，这也许是它在对太阳表示感谢吧。

动物档案

花生头臭虫

类目：昆虫纲半翅目臭虫科
体长：4~5毫米

长着两对眼睛的臭虫

花生头臭虫的身体呈现一种扁而宽的样子，翅膀已经退化成一种鳞状的东西，身上长着臭腺，可以产生有特殊气味的分泌物。它们靠吸食人或动物的血来生活，白天潜伏起来，晚上才出来活动。在吸够了血之后就躲着不出来了，然后用好几天的时间将那些血消化完。它们忍耐饥饿的能力非常强，即使一年不吃东西也不会饿死。

● "虫树合一"的伪装术

树木是花生头臭虫的亲密伙伴，它们能够将自己伪装成树木的一部分：将体色调成树干的棕褐色，将翅膀的花纹扮成粗糙的树皮，模仿能力相当厉害。无论是天敌还是亲人，都别想将它们从树上分辨出来。伪装效果之好，可以用"虫树合一"来形容。

● 用我的大眼睛吓跑你

如果不巧，花生头臭虫被敌人发现了，受到了惊扰，那么它们会启动第二套防御方案，张开带有恐吓性的眼睛状图案的翅膀来惊吓敌人。它们翅膀上的眼睛花纹不仅色彩浓艳，而且与其体型相比，大得很不合情理。当花生头臭虫用两只"大眼睛"瞪着天敌时，再凶猛的天敌心里也会发毛："乖乖，这是个什么东西啊，眼睛瞪得那么大，它是不是想吃了我啊！"一旦产生这种错觉，天敌立刻就逃走了。

●启动臭腺赶走敌人

花生头臭虫作为臭虫的一种,当然具备臭虫科最为出名的御敌武器——臭腺。在若虫时期花生头臭虫的臭腺长在腹部背面,到了成虫期,腹部被翅膀遮住,胸部下面或者侧面会长出一个或一对儿不同的腺体。当受到惊吓时,花生头臭虫就会启动臭腺,发出臭味,把那些鼻子灵敏的对手统统赶走。

倔强的虫子

飞 蛾

类目：昆虫纲鳞翅目异脉亚目
体长：15~25厘米

蛹上带刺的自我保护法

飞蛾从生到死经历四个发育阶段：卵、幼虫、蛹和成虫。幼虫和成虫不仅在形态结构上有所不同，就连生活习性也存在很大的区别。它的身体比蝴蝶粗壮，静止的时候翅膀覆盖在身体上。飞蛾喜欢在夜间行动。蛾类的幼虫及成虫也是爬虫类、鸟类等食虫性动物的主要食物来源之一，它们之间组成了自然界中重要的食物链。

● 自带武装的虫蛹

对于昆虫来说，最脆弱的并非它们的幼虫，而是它们连动都不能动的蛹。幼虫们还能凭借假死、吐丝等方式来保护自己，蛹却什么也做不了。因此飞蛾就把它们脆弱的蛹武装起来。在有光泽的黑色蛹体后方，长有10根臀刺，能起到吓退敌人的作用。带刺的蛹，谁也不敢轻易地碰吧。

● 飞蛾扑火是为了找准方向

飞蛾又称灯蛾，从名字就可以看出它们对灯火的喜爱。那么飞蛾究竟为什么对灯火那么执著呢？原来，在自然条件下，飞蛾是凭借着月光来辨认方向的。月光总是从一个方向射到飞蛾的眼里，而灯火的光线会干扰月光，使飞蛾无法准确辨别方向。为了确保灯火的光亮以一定的角度射进眼里，飞蛾只好不停地绕着灯火转，直到筋疲力尽地掉在火中死去。

动物原来是这样

● 幼虫也会装死

飞蛾坏，飞蛾的幼虫比它们的爸爸妈妈还要坏。飞蛾的幼虫有着拉帮结派成伙为害的特点，一大帮幼虫会鲁莽地闯进一片绿油油的花园，争先恐后地抢食那些鲜嫩的植物。如果在进食的过程中敌人闯了进来，飞蛾幼虫会赶紧吐掉嘴里的食物，大家原地躺下将身子卷曲，做出一番死了的假象，以此躲避天敌。看来装死这一招在昆虫世界里是非常流行的。

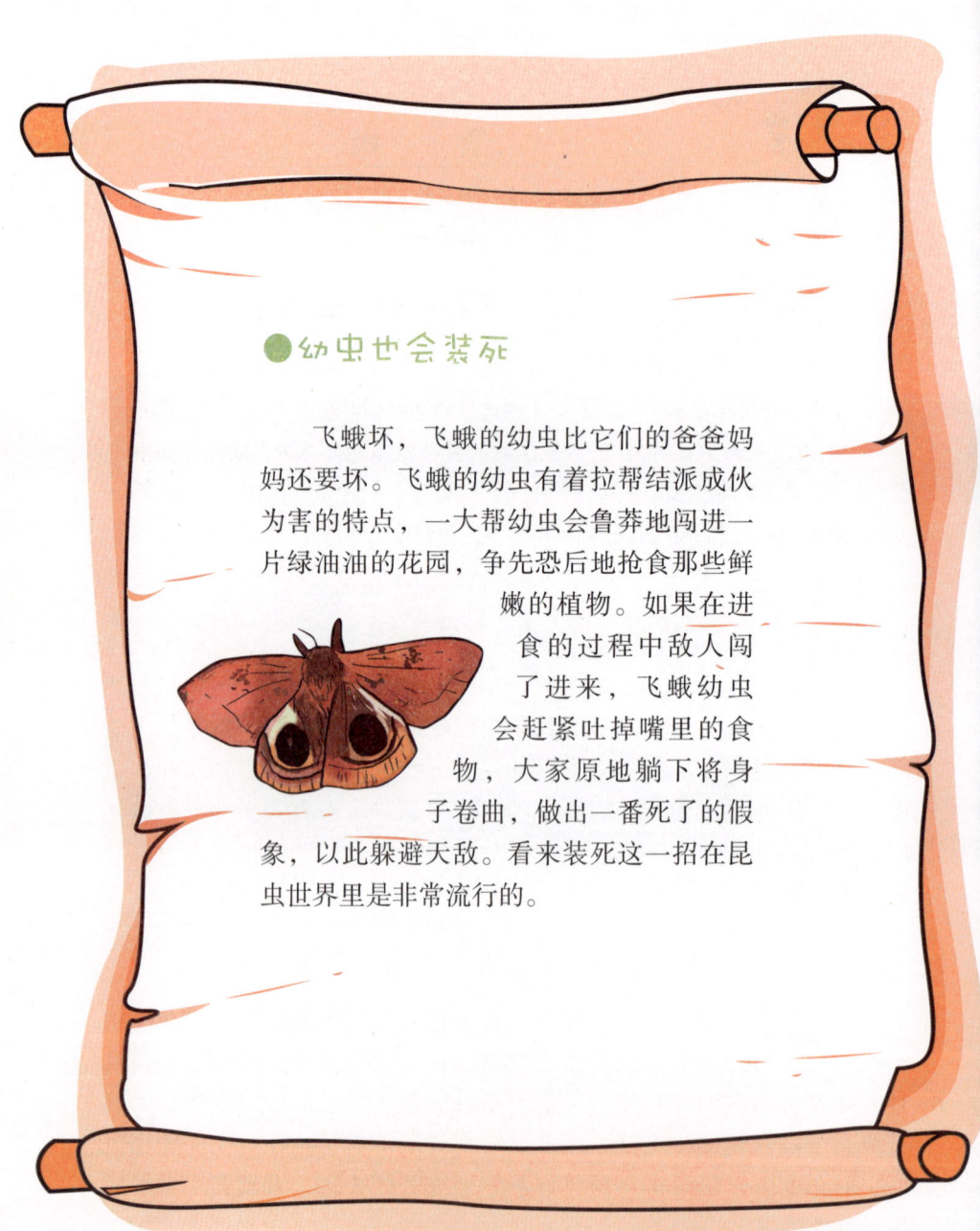

倔强的虫子

蚁　狮

类目：昆虫纲脉翅目蛟蛉科

体长：23～32毫米

挖陷阱的猎人

蚁狮的身体是暗褐色或者暗灰色的，翅膀是透明的，翅膀上面布满了像网一样的脉络。它的头很小，不过有一对非常发达的复眼，向两侧突出着，口器是咀嚼式的，肚子又细又长。蚁狮的成虫和幼虫都是肉食性的，幼虫吃一些小昆虫。

● 用技巧搭窝省力气

蚁狮搭窝有一套，不像蚂蚁，要走好远的路，一粒粒地搬运石子土粒。蚁狮的窝离地面很近，所以不会挖很深的洞，也就省事许多。蚁狮搭窝时，以腹部为犁，先松动沙土，使沙粒更加分散，方便自己挖出一个合适的小坑。随着小坑的成型，蚁狮渐渐进入坑里。这时，会有松动的土粒滑下来，于是蚁狮便用头部顶起土粒掷出坑外，这样就省去了一趟一趟来回搬运的麻烦，也避免了因移动而使更多的土粒滑落而掩埋小坑。

● 我的窝还是陷阱

蚁狮生活在沙地，而沙地的土质一般很松，再经过蚁狮的一番工作，其窝附近极易形成小型的流沙，这可就害苦了路过的小虫。若是小虫一不小心靠近了这个陷阱，那么它便会随着流沙滑到蚁狮的坑里。这样的流沙对于小虫来说是不可抗拒的力量，于是它只能眼睁睁地看着自己掉进陷阱。而陷阱中，蚁狮正等着呢，一旦有虫子滑下来，它便举起大腭，"咔"一下即可擒住可怜的小虫。

动物原来是这样

●我只吃精华

蚁狮对于食物那是相当有讲究，它们可吃不惯虫子硬邦邦的外壳，所喜欢的是虫子的内脏。蚁狮的大腭其实是一对吸式口器，当大腭钳住小虫后，便将口器刺入虫子体内，吸食其内部的精华，美美地饱餐一顿。

倔强的虫子

动物档案

豪勋爵岛竹节虫

类目：昆虫纲竹节虫目竹节虫科

体长：150毫米左右

陆地上的"龙虾"

豪勋爵岛竹节虫的体重在25克左右，身体是椭圆形的，腿强壮有力，不具翅膀，不过跑起来非常快。通常雌虫较雄虫大一些。因为它们的身体形状和虾有些相似，身体呈暗红色，因此被人们称为"地上的龙虾"或"步行的香肠"。

● 依着身上颜色改变作息

豪勋爵岛竹节虫幼虫的作息不是一成不变的，会适时更改。小的时候，它们选择在白天活动，渐渐长大后，就会改为夜间活动。因为，在不同的时期它们身上的颜色会发生改变，幼年时，它们身上的颜色为鲜绿色，极为显眼。因此，白天的时候，它们就藏在绿叶绿草之下，借绿色来遮掩着自己，而长大以后，身上为黑色，和黑夜的颜色相同。这种颜色夜行是再合适不过了。

● 为了生存而进化腿部

豪勋爵岛竹节虫原先的腿部不是像现在这样粗壮，而是极为纤细的。但是因为栖息地被毁坏，它们便向南迁徙。然而南方都是陆地又多风，它们纤细的小腿很难抓住地面，极容易被风吹走。因此，它们不断强化着自己的大腿，努力锻炼使大腿变长变粗壮。甚至为了更好地捕食，它们的大腿上还武装有"凶相毕露"的刺，使敌人见了望风而逃。利用这粗壮的大腿，它们可以牢牢抓住地面，甚至可以跑得更快，使猎物无处可逃！

雄虫对妻子真好

雄性豪勋爵岛竹节虫对妻子十分真挚,在生活的点滴中展现得淋漓尽致。雄虫十分体贴妻子,总是遵循着妻子的意愿,连一起活动的方向、地点都让妻子定夺。妻子指东,它绝不会往西。在夜晚的时候,雄性还会用自己强有力的三根腿包裹着妻子,为妻子抵御风寒,直到妻子入眠。雄虫简直是模范好丈夫!

倔强的虫子

动物档案

三 齿 壁 蜂

类目：昆虫纲膜翅目切叶蜂科

体长：8～10毫米

天才建筑大师

三齿壁蜂的体色为黑色，腿的顶端长着爪垫，下颚上面有4节的触须，胸部较宽但不是很长。雌性的成年蜂在肚子上长着许多排整整齐齐的腹毛，叫做"腹毛刷"，是专门用来采集花粉的器官，非常有用。但是雄性的成年蜂就没有这个东西了。

● 功能齐全的房子

三齿壁蜂的家建在树干里，其精美的程度让人惊叹。它会用自己的大颚挖下树干的髓质，形成深深的蛀洞，接着从洞底做出一个一个的房间来，中间用隔板隔开。这些房间功能各异，分别用来储蜜、产卵等。比较勤奋点的壁蜂，甚至可以建出带有多达15间卧室的蜂房。

● 等等我的兄弟姐妹

虽然壁蜂的房子房间很多，可它们忽略了孩子们的出生顺序，总是将长子长女产在最底层的蜂房，将幼子幼女产在靠上面的蜂房。长子长女肯定比自己的弟弟妹妹更早地破茧而出，不过它们不会马上钻出蜂房，以免伤害到弟弟妹妹。它们总是呆在原地，等待弟弟妹妹们出来后，再领着它们一同钻出蜂房。保护弟弟妹妹是三齿壁蜂的长子们不变的原则。

● 隔墙猜物的本领

壁蜂长子只会对自己的亲弟妹手下留情。假如上一层蜂房躺着的是其他壁蜂的茧，它们就不会那么客气了："管你有没有出茧，我醒了就得马上出去。"不过令人奇怪的是，这些大哥哥大姐姐即便隔着蜂房的墙壁，也总是能准确判断上层的虫茧是否是自己的同胞。它们究竟是怎么做到这点的，至今仍然是个迷。

倔强的虫子

动物档案

蚯蚓

类目：环带纲单向蚓目
体长：60~120毫米

松土的专家

蚯蚓的身体长长的，像一条绳子一样，而且左右对称。蚯蚓的身体呈节状，身上有一层薄薄的角质层，没有骨头。除了身上的前两节以外，其余的部分都长着刚毛。蚯蚓生活在土壤里面，白天不活动，到了晚上才出来，主要以食用有机物垃圾与动物的粪便为生。蚯蚓的"地下工作"能让土地更加肥沃、通气性更好，农作物长得更茂盛。

● 在土壤下自由迅速地爬行

蚯蚓的身体分成很多小节，这就使蚯蚓的身体格外柔韧，可以任意幅度地扭曲弯折。如此柔韧的身体，难道还怕土壤里狭小的空间吗？除此之外，分成节的身体可以大幅度收缩，而小节上又有无数细小的像脚一样的刚毛，当蚯蚓爬行时，身体的收缩配上运动的刚毛，就可以使行动更迅速。

● 氧气的捕捉能手

潮湿阴暗的土壤中可不像地面上有那么多氧气，而蚯蚓却能在土壤中捕捉到足够的氧气，这是怎么回事呢？原来是因为它们的身体上有许多孔隙，可以让它们接触到更多的氧气。更奇妙的是，这些孔隙可以分泌出一种黏液，这些黏液就像无数双小手，将土壤里的氧气捕捉住，使氧气溶在里面，这样，蚯蚓就有更加充足的氧气可利用了。

●身体似一座大工厂

别看蚯蚓的身体只有10厘米左右,事实上,蚯蚓也有口、咽喉、食管、胃、肠等器官,而且蚯蚓身体内处处存在各种各样的黏膜。当蚯蚓进食时,由于没有牙齿,它们便用口中的黏膜吮吸挤压食物,将食物送入下一部分;除此以外,它们的部分黏膜还会分泌某些黏液来分解、消化食物,某些黏膜还会过滤杂质废物,当食物送入胃后,蚯蚓便能进一步研磨分解食物,可以更好地吸收营养,最后,通过肠道排出废物。这就像一座大工厂,而蚯蚓本身就是指挥者,工厂里的各个部门在它的英明指挥下,有序有质地工作着。

倔强的虫子

动物档案

跳 蚤

类目：昆虫纲蚤目

体长：2~3毫米

口器锐利，吸血无声息

跳蚤的嘴十分锋利，可以咬破动物的皮，用来吸食血液。它的肚子分成9节，后腿强健有力，可以跳得非常高。它的触角又粗又短，身上有很多倒着长的硬毛，如此便可以更好地在寄主的毛里面运动。跳蚤的外壳非常坚硬，可以承受很大的压力。跳蚤一般在哺乳动物的身上寄生，但是有时也会寄生在鸟类的身上。

●悄无声息地吸食最高明

跳蚤可以说是一个小型的吸血鬼。它们长有很粗的触角，还拥有锐利的口器，能够迅速进入宿主的身体中吸取所需要的血液，并且还能够让宿主毫无察觉，在宿主不知不觉中让自己饱餐一顿。它们的吸血秘笈是很多寄生虫都无法效仿的。

●外壳，跳蚤生命的保护伞

跳蚤的外壳，最具对生命的保护能力，因为外壳能够承担比体重大90倍的重量！也就是说跳蚤在重大力量的按压之下，还能够照常生存，依然能够照常吸取宿主的血液，不会因为身上的重量而受到丝毫的影响。有一种说法，如果人的身体有像跳蚤一样的外壳，那么人从一千米的高空摔下，也能够安然无恙。因为有着无敌盔甲的保护，小跳蚤就可以钻到宿主的身体下，进行作案，而不怕被压死。

动物原来是这样

● 作案当然少不了跳跃本事

跳蚤有两条无比强壮的后腿，因此特别善于跳跃。它们一次能够跳20~30厘米高，能够跳过相当于身长350倍的距离，这好比一个人跳过一个足球场。跳蚤的跳跃天分不仅能够帮助它们快速地找到宿主，而且还能够帮助它们快速地逃离"案发现场"，让人类束手无策。因为高超的跳跃能力，小跳蚤可以肆无忌惮地进行"顶风作案"，而不怕被宿主发现。

● 在灰尘中产卵

跳蚤在跳到宿主身上之后就不再离开了，一般两天之后就会开始排卵。雌虫会把卵藏在有灰尘的角落、墙壁及地板的小洞里，也会产在动物的身上，随着动物的活动而落地或迁移，这样可以保证卵不会被敌人发现。卵一般经过四五天就会孵化出幼虫，因为刚出生的幼虫不具备吸血能力，所以它们聪明地选择灰尘中的有机物质和跳蚤自身的粪便作为自己的食物。两个星期之后，跳蚤的幼虫就会吐丝把自己和灰尘包裹起来结成茧，并在里面化蛹。把自己与灰尘包裹起来，不仅能够保障自己在化蛹期间的食物供给，还能迷惑敌人，不被发现。两个星期之后，小跳蚤就出来了，正式成为一名小小的"吸血鬼"。

倔强的虫子

马胃蝇

类目：昆虫纲双翅目胃蝇科

体长：9~18毫米

马胃里长大的蝇

成年的马胃蝇长得与蜂有几分相似，身上覆盖着黄白色或者黄褐色的绒毛，眼睛很大，长着细细的触角。它们的嘴很短，口器已经退化了，胸前有一种软毛，翅膀比较大。

马胃蝇的卵是略呈三角形或是细长的棒状，通常为淡黄色，粘在马或者骡子的毛上，经过10~14天的时间就可以孵化出来。

● 进入马胃，有窍门

马胃蝇顾名思义就是在马的胃部寄生的蝇类。雌性马胃蝇在产卵的时候会聪明地飞近马体，把卵产在马背的毛上面。从此开启了它与宿主密不可分的一生历程。在孵化成第一期幼虫时，马胃蝇会从卵壳中爬出，在马的背部引起瘙痒，然后在马啃咬瘙痒处时就会被食入。也许你会认为马胃蝇的一生就此结束了，其实不然，这一切都是它们的阴谋，目的就是为了让马能够把它吸食进去。被吸食到口中的第一期幼虫会在马的口腔黏膜下或舌表层组织内寄生3~4周，然后蜕变成为第二期幼虫，随着马的咀嚼吞咽移入马的胃部，在胃和十二指肠黏膜上寄生。约五周后，会再次蜕变为第三期幼虫，继续在马胃中寄生。到了第二年春天马胃蝇才发育成熟，然后自动脱离胃壁，随粪便排出马的体外，在粪便和土中化蛹。蛹期1~2个月，最后羽化成蝇。

动物原来是这样

● 借用蜜蜂外形，迷惑敌人

马胃蝇在羽化成蝇之后，外形与蜜蜂很相似，于是人们经常把它们错认成蜜蜂。因为蜜蜂是益虫且具有一定的攻击性，人们常常不敢轻易地对马胃蝇动手。马胃蝇也依靠自己的优势，肆无忌惮地在马的周围活动。而且马胃蝇通常为黄色或者黑白相间色，在钻入马的体毛之后，很容易与马融为一体而不被人发现。

● 过冬首选，当然是马胃了

马胃蝇的冬季是在马的胃里度过的，这样不仅可以保证它们在寒冷的严冬不会被冻死，还能有充足的养料。可谓是一举两得最舒适的过冬之法。

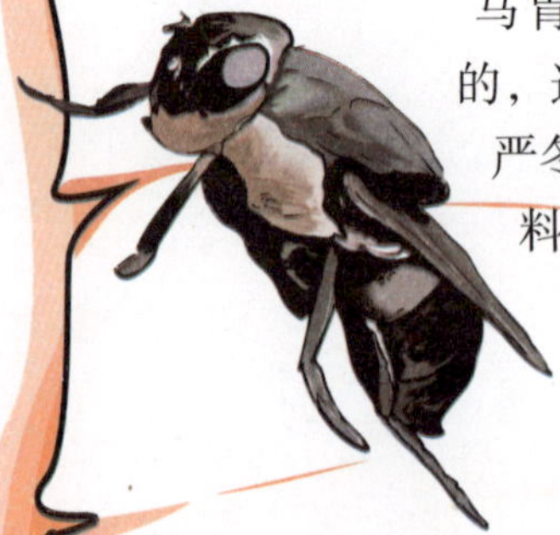

倔强的虫子

动物档案

蚤 蝇

类目：昆虫纲双翅目蚤蝇科
体长：4毫米左右

要找有实力的寄主

蚤蝇的身体比较小，颜色很深，背部向上凸起，像是驼背一样。成虫通常在那些腐烂的植物附近集体生活，而幼虫共生或是寄生在蚂蚁的巢穴里面。它们的翅膀有的退化了，有的根本就没有翅膀。

● 用解毒药对付寄主

蚤蝇是世界上最小的苍蝇，它们只有家蝇的十五分之一。但是不要小看这个小小的家伙，它们可会让世界上最大的蚂蚁—子弹蚁望而却步呢！它们在产卵的时候，会寻找合适的子弹蚁作为自己的寄主。子弹蚁虽然带有剧毒，还有大钳子作为"防身武器"，但是蚤蝇有特制的解毒药来对付它们。因此子弹蚁也束手无策，只得乖乖地让蚤蝇把卵产在自己身上。

● 心狠手辣才能以绝后患

蚤蝇幼虫进入子弹蚁的身体之后，为了能够尽快结束寄主的生命，它们会钻进这种蚂蚁的脑袋里，直到把蚂蚁的大脑啃食干净，才会离开。为什么只吃蚂蚁的大脑呢？因为蚤蝇的身体很小，只要吃一点食物就能够满足了，如果要选择，当然就要吃最营养的大脑了，而且这样还避免了被寄主报复的可能性。

动物原来是这样

●谁也逃不出我的魔掌

蚤蝇之所以能够在比它们大100倍的蚂蚁身上寄生,不仅完美地利用了自己体型上的优势,而且还有以毒攻毒这一手,能够成功地"驯服"寄主。科学家们曾一度认为像蚂蚁这类小昆虫能够逃过被寄生的命运,但是蚤蝇出现以后,彻底打破了这个定律。事实证明,蚂蚁也不能逃过寄生虫的"魔掌"。

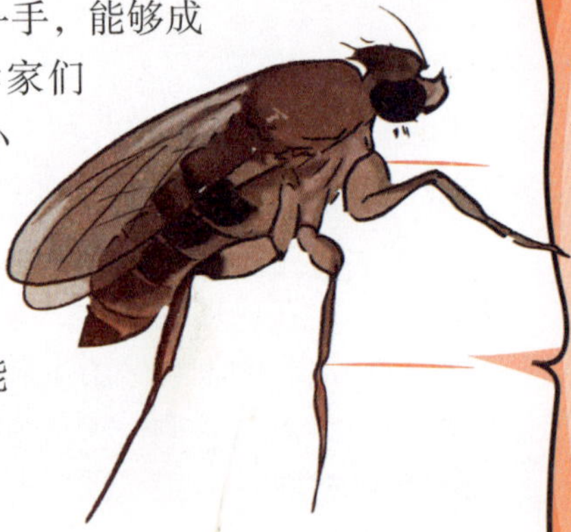

倔强的虫子

动物档案

肉 蝇

类目：昆虫纲双翅目肉蝇科

体长：10～12毫米

趁寄主不注意提早下手

成年的肉蝇的胸部经常会有黑色和灰色交替的条纹，一直延伸到肚子变成方格式的。肉蝇的幼虫生活在那些腐烂的尸体或者肉上面。肉蝇是一种卵胎生类昆虫，卵在雌蝇体内的时候就已经孵化出来了，雌蝇产卵时实际上直接将幼虫产出来了。

● **把卵产在蜜蜂身上**

肉蝇生性狡猾，一到繁殖期，就会来到蜜蜂"家门口"进行挑衅。它们会趁着蜜蜂不注意，快速向正在飞翔的蜜蜂扑去，在这短暂的时间里，快速把卵产在蜜蜂的头与胸的联结处。

● **生存就是要速战速决**

为了避免被蜜蜂的同伴发现，肉蝇的幼虫一旦孵化出来就会迅速咬开蜜蜂胸部的节间膜进入寄主的身体里。它们在寄主的身体里逐渐露出"侵略者"的本性。开始的时候，它们会以蜜蜂的血淋巴为食，等到寄主被折磨致死之后，还不停手，会从蜜蜂的胸部肌肉开始把蜜蜂吃得一干二净，只剩下几片外壳。

动物原来是这样

●天冷了，到第二年再羽化吧

它们把寄主吃干净之后，就会跑到土壤里化蛹。如果天气已经开始变冷，它们就会把羽化的时间推迟。它们会先随便找个小土洞休眠，到第二年的春天，才出来完成上一年没完成的"任务"——羽化。

倔强的虫子

动物档案

寄　蝇

类目：昆虫纲双翅目寄蝇科

体长：2~18毫米

选择寄主，先考虑宝宝

成年的寄蝇通常长着很多毛，看起来和家蝇差不多。它们长着舐吸式的口器，喜欢吃植物的花蜜，或者从植物中分泌出来的含糖类汁液。寄蝇是那些作物害虫们的寄生性天敌，对农作物的成长有益。

● **生育健康的"宝宝"，我有经验**

寄蝇为了能够增加受精概率，雄性寄蝇会与多只雌蝇进行交配。交配完之后，"怀孕"的雌蝇不会马上生"宝宝"，而是先到处去寻找自己喜欢的食物，让自己和"宝宝"能够吸收到充分的营养，以确保"宝宝"健康地生长。

● **生活有规律，每天更有活力**

寄蝇每天的生活很有规律。它们有较强的喜光习性，一般上午十点以后阳光充足了便开始活动，随着气温升高，活动也会愈加频繁。当然它们也怕"中暑"，当气温达到35℃以上时，它们就会找荫凉的地方隐藏起来。

动物原来是这样

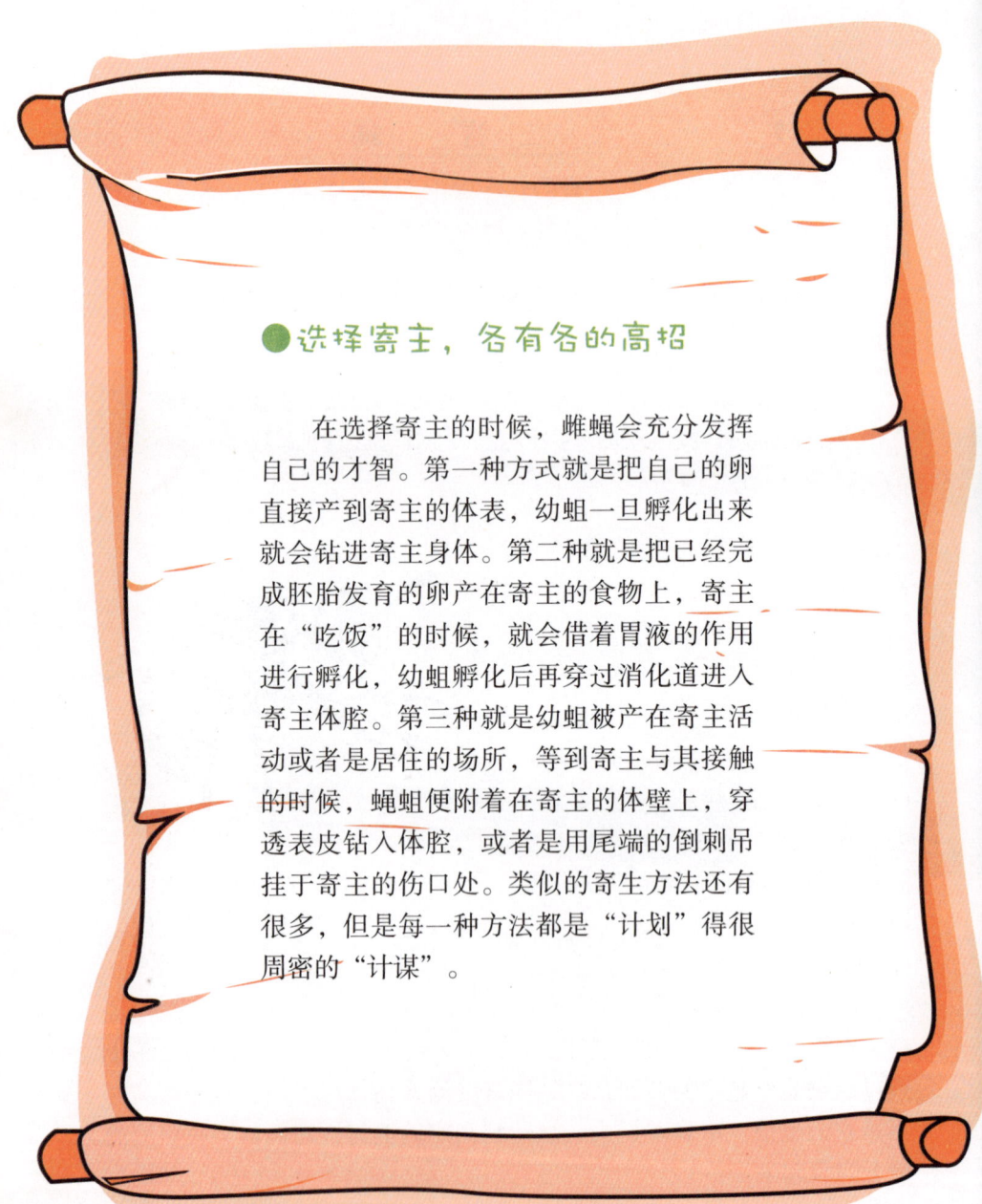

● 选择寄主，各有各的高招

在选择寄主的时候，雌蝇会充分发挥自己的才智。第一种方式就是把自己的卵直接产到寄主的体表，幼蛆一旦孵化出来就会钻进寄主身体。第二种就是把已经完成胚胎发育的卵产在寄主的食物上，寄主在"吃饭"的时候，就会借着胃液的作用进行孵化，幼蛆孵化后再穿过消化道进入寄主体腔。第三种就是幼蛆被产在寄主活动或者是居住的场所，等到寄主与其接触的时候，蝇蛆便附着在寄主的体壁上，穿透表皮钻入体腔，或者是用尾端的倒刺吊挂于寄主的伤口处。类似的寄生方法还有很多，但是每一种方法都是"计划"得很周密的"计谋"。

倔强的虫子

蛔虫

类目：线虫纲蛔目蛔科
体长：200毫米左右

可怕的寄生虫

蛔虫的成虫显出微微的黄色或者粉红色，身体表面存在横着的条纹。雄性蛔虫的尾巴经常是卷曲的。蛔虫的虫卵会随着粪便一起排出体外，这些卵分成非受精卵和受精卵两种，只有受精卵才可以发育成长。蛔虫在全世界都有分布，是人类的寄生虫中最常见的，感染率甚至可以高达70%以上。

● 借你的肠道用一用

蛔虫虫卵为了能够更快地找到寄主，通常会选择生活在水中和蔬菜叶上，或者是动物的身上。人们如果在处理食物原材料的时候不加以注意，这些虫卵就会随着食物进入人体内。也许你会认为胃里分泌的消化液足够将这个小家伙杀死，那么你就大错特错了，此时你恰恰中了蛔虫的阴谋。因为进入胃里之后，虫卵的外壳很快就会被消化掉，幼虫正好趁机从虫卵中跑出来，这样它不需要费半分力气，就能成功挣脱自己的外壳了。

● 不在同一个地方活动，才不会被发现

蛔虫幼虫进入人的肠胃之后，可谓是如鱼得水，但它不会老实地呆在一个地方，因为长期在人体一个固定的地方就很可能会被宿主发现。它会到不同的地方游玩：首先它会穿过肠壁，进入淋巴腺和肠系膜静脉，玩腻了之后，它会经肝、右心、肺，穿过毛细血管到达肺

动物原来是这样

泡,然后再经过气管、喉头、口腔、食道、胃,最后再回到小肠。在四处游走的过程中,它会蜕3次皮,一边玩一边成长,经过约25～29天的人体之旅,它就变成了成虫。

●卵的成长历程

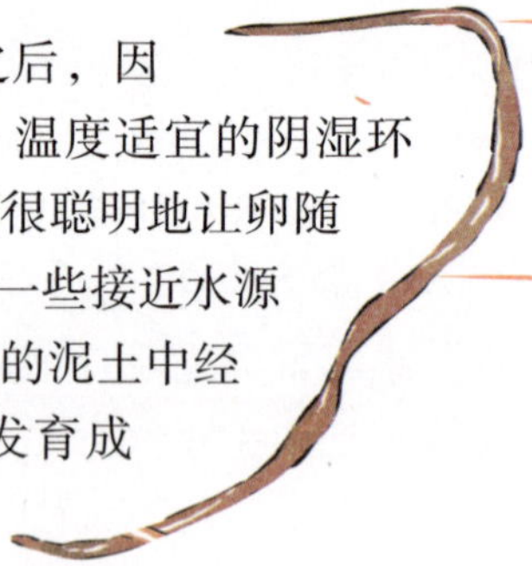

蛔虫在人体中产卵之后,因为卵必须要在氧气充足、温度适宜的阴湿环境中才能生存,所以它们很聪明地让卵随着人体的粪便排出体外。一些接近水源的虫卵在阴湿、氧气充足的泥土中经过10天左右的时间就会发育成为杆状蚴(yòu)。蜕一次皮之后,变成感染期虫卵。然后再随着水源或者蔬菜神不知鬼不觉地进入人体中,开始新的旅程。

倔强的虫子

动物档案

姬　蜂

类目：昆虫纲膜翅目姬蜂科

体长：12毫米左右

卵上长柄，为了寄生

姬蜂身体的大部分是黄褐色的，腹部通常又细又长，而且还呈弯曲状，看起来和黄蜂差不多，不过它的触角比黄蜂长，而且分成很多节。产卵器比身体还要长，像三条长长的彩带一样拖曳在身后，非常漂亮。翅膀是透明的，前翅通常会有一个黑点。

● **用卵上的柄寄生**

姬蜂为了达到让自己的下一代能在寄主体内寄生的目的，产出来的卵上都有各种不同式样的柄，这种柄起着固定卵的作用。如果一个卵产在某个鳞翅目的幼虫身体上，其柄就能深深地插入幼虫体内，再也掉不下来。即使幼虫蜕皮时，也不会把卵脱掉，直到姬蜂的幼虫由卵中孵化出来为止，而这个寄主也就是姬蜂幼虫的食物了。

● **巧妙的猎物"保鲜"法**

"爱它，就给它最新鲜的"，这是姬蜂养儿育女的准则。为了能够让儿女尝到最新鲜的食物，姬蜂不会把自己的猎物置之死地。它们会给猎物打上一剂"麻醉针"，然后把猎物运送到"家"中（洞穴里），并在猎物的身上产下自己的卵。这样它们的孩子们从一出生就能享用最新鲜的食物了。为了把握"伤而不死"的分寸，姬蜂总是选择一个固定的部位对猎物"行刺"。螫针刺入猎物体内并触及它的神经节，仅射入一滴毒汁，猎物便瘫痪了。刚孵化出来

的姬蜂幼虫也具有"保鲜"意识。它们先食用猎物肌体不重要的部分，让猎物仍保持鲜活，甚至吃完了猎物的一半或3/4，猎物还依然活着。姬蜂这一匠心独具的繁衍后代的方式，使其子女食宿无忧。在它们没有冰箱的"家"里（洞穴），它们食品的新鲜程度远非人类的罐头食品可比拟。

● 给后代制作一个"生命通道"

有一种叫沟姬蜂的，它们不仅拥有高超的飞行技术，还是水中的能手。它们会在水里找到适合寄生的水生昆虫的幼虫，把卵产在它们身上。为了让后代能在水中呼吸，它们还给后代准备了一个"生命通道"，透过一条从虫卵中拖出的、能在水中飘动的细丝，虫卵能够自由地呼吸而不用担心会窒息而死。

● 寄生也要选好部位

姬蜂宿主时，会选择好所寄生的部位。如果宿主生活场所不是隐蔽的，经常暴露在外，为了自己的安全，姬蜂会选择寄生在宿主体内，让宿主为自己遮风挡雨；若宿主生活在树木孔道内，那么姬蜂就常寄生在宿主体外，这样它们就可以在外边尽情呼吸空气，不用进入那没有多少氧气的体内。

倔强的虫子

水 虿（chài）

类目：昆虫纲蜻蜓目蜓科

体长：60～70毫米

戴着面罩的水中"变色龙"

水虿的身体通常是暗绿色或暗褐色的，没有翅膀，平时喜欢在那些残枝败叶或者水池的泥里面潜伏着，捕食小的水生昆虫。不要看它身材娇小，但是性情非常凶猛，时常对蝌蚪、小鱼等下毒手。

● 用神秘面罩捕食猎物

水虿在捕食猎物的时候，有很多独门的秘笈。其中之一，就是运用自己的面罩。水虿的口器非常特殊，下唇很发达，特化成了能够自由伸展的面罩。日常时，水虿会把面罩收缩起来，不让猎物看到，等到猎物接近的时候，就会快速地伸出折叠在头底部的面罩，并用前面的双钩夹紧猎物。

● 用下颚抓猎物

水虿的捕食秘笈还有一个，那就是用它独一无二的发达的下颚，把游到它们身边的猎物牢牢地抓住，送到嘴里。也许你会担心它们的呼吸问题，在吃饭的同时，它们是靠腹部里面的腮来进行呼吸的，所以吃饭并不会耽误它们摄取氧气。

● 水管是致命的杀伤性武器

水虿的身体后部长有一个水管，可以将富含氧气的水导入体内。同时这个水管还是水虿的一个致命的杀伤性武器。当天敌或者是猎物

动物原来是这样

从身旁经过的时候，水蚤会把这个水管的出口关闭，然后猛烈地收缩腹部，体内就形成高压，促使口器向前运动袭击猎物，捕捉速度为三百分之一秒。

● 环境是什么颜色，我就变成什么颜色

水蚤的颜色会根据栖息的环境以及水草颜色的不同而发生改变。比如喜欢栖息在黄色泥土中的水蚤，它们的身体就是黄色的；周围环境是黑色的，它们的身体就变成黑色的？这些改变，能够让它们完美地隐藏在水里，用来迷惑敌人或者捕捉猎物。

● 碰到脏东西，我扫，我扫

如果身上粘上脏东西，你会怎么做？是不是用手把脏东西拿下去或者用手扫下去。水蚤也会做相同的动作哟！如果身上粘上了脏东西，勤快的水蚤会用第三条腿去碰自己的身体，然后摸几下，把脏东西清扫干净。

倔强的虫子

动物档案

赤眼蜂

类目：昆虫纲膜翅目赤眼蜂科

体长：0.5~1毫米

大量产卵保证种族延续

赤眼蜂的单眼和复眼都是红色，身体是黄褐色或者黄色；翅膀的形状像一个梨，有单翅脉以及穗状缘毛。它们是一种寄生在蛾体内的昆虫，不仅幼虫是在蛾体内成长，甚至连交配都是在寄主体内完成的。

● 最准确的"导弹制导系统"

赤眼蜂寄生在一些农业害虫身上，且它们从一出生就开始寻找寄主。因此人们在赤眼蜂卵的表面涂上能够杀死害虫的病毒，这些病毒就会随着赤眼蜂寻找寄主的过程散落在害虫的虫卵上，把虫卵杀死在摇篮里。如果这些病毒是"子弹"的话，那么赤眼蜂就是最准确的"导弹制导系统"。一亩地只需要五枚这样的生物导弹就能控制松毛虫的流行。

● 寿命短，就努力繁殖吧

因为赤眼蜂对环境的要求很高，所以相比之下它的寿命就比较短。赤眼蜂家族为了能延续下去，繁衍后代的速度十分惊人。按照雌雄比例1:1，每只雌性赤眼蜂产50枚卵来算，赤眼蜂在早春就能卵化出第一代，一年甚至可以繁衍出几百亿只后代，这是多么庞大的数字！

动物原来是这样

●最安全的约会地点

为了能够拥有一个安全的约会地点,同时也为了方便雌蜂顺利产下后代,通常情况下,赤眼蜂会商量好在寄主的体内完成交配。它们在交配完之后,就会在寄主的身体里产下"爱的结晶"。

倔强的虫子

动物档案

棉铃虫多胚跳小蜂

类目：昆虫纲膜翅目跳小蜂科

体长：1毫米左右

虫卵大量分裂杀死寄主

棉铃虫多胚跳小蜂的身体是黑色的，头部、小盾片以及中胸背板上面都长着黄褐色的毛，中胸背板还带着金绿色的光泽。头部、小盾片、中胸侧板以及三角片则稍微带着一些紫色的光泽。触角分成9节，除了柄节以及梗节是黑褐色的之外，其余部分都是褐色的。翅膀是透明的，翅脉呈现出褐色。腹部通常为黑褐色，末端长着比较多的毛。

● 卵能够进行胚胎分裂

棉铃虫多胚跳小蜂体型虽然很小，但是它们对寄主的要求却很严格。它们只会寄生在比它们体型大很多的鳞翅目虫子的卵或者棉铃虫的幼虫身上。因为身体小的缘故，即使它们在寄主体内寄生，也不能把寄主杀死。这对跳小蜂后代化蛹羽化十分不利。有不利的状况发生，当然要想办法解决。于是跳小蜂"费尽脑汁"终于想到一个办法：它们在繁殖的时候，让卵能够进行胚胎分裂，像孙悟空的毫毛一样，变成两个以上的个体，最多的时候，能够分裂出2000多个个体。

● 杀死寄主，化蛹羽化

棉铃虫多胚跳小蜂的卵由一个分裂出多个"兄弟姐妹"之后，就开始施行它们的"伟大计划"了。它们会跑到寄主身体的各个部位，吞食寄主的血液和营养物质。因为只有把寄主弄死，它们才能安全地化蛹羽化，所以每个跳小蜂的幼虫都十分卖力。最后"虫多力量大",寄主最终经不起"万虫食心"的痛苦,很快死去。跳小蜂们就这样获得了群体的胜利。

● 未雨绸缪,安度冬夏

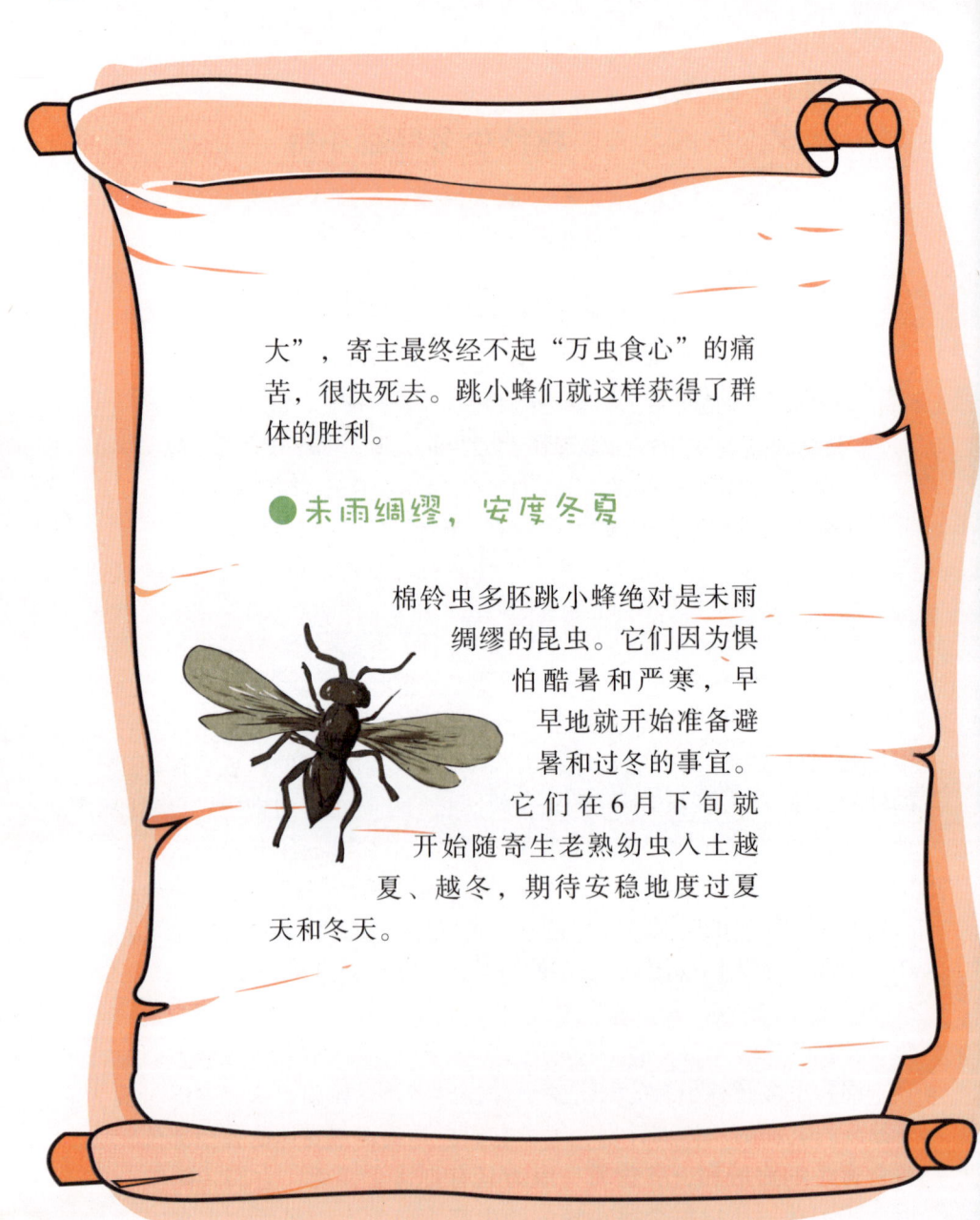

棉铃虫多胚跳小蜂绝对是未雨绸缪的昆虫。它们因为惧怕酷暑和严寒,早早地就开始准备避暑和过冬的事宜。它们在6月下旬就开始随寄生老熟幼虫入土越夏、越冬,期待安稳地度过夏天和冬天。

倔强的虫子

动物档案

花绒坚甲虫

类目：昆虫纲鞘翅目坚甲科

体长：5～10毫米

装死躲避战争

花绒坚甲虫的体鞘非常坚硬，颜色为深褐色。头向胸内凹进去，复眼是黑色的。触角比较短，分成11节，触角的端部膨大，形状像一个扁球。前胸和头上布满了小小的刻点，鞘翅上有一个深褐色的斑纹，是椭圆形的，尾巴沿着中缝长着一个粗粗的"十"字形斑纹，每个翅膀的表面都有4条纵沟。

● 吃掉自己茧壳的昆虫

花绒坚甲虫在羽化之后，会在茧里面停留几天，以便做好面对外面世界的准备。几天之后，它们就会把茧壳咬破，从里面爬出来。当然，它们不会把茧壳轻易地抛下，但茧壳对它们来说实在是太重了，于是它们想出了一个好办法，把茧壳吃掉！这样就不用担心有关茧壳的一切问题了。直到它们把茧壳吃干净之后，才会恋恋不舍地从虫道中爬出来。

● 打不过就诈死

花绒坚甲虫可是昆虫界的演技派。当它们受到干扰的时候，就会马上停止活动成假死状。敌人发现它们已经"死"了，就会放弃与它们交战。等到危机过去之后，它们又会发挥自己的奔跑优势迅速地爬到隐蔽的地方躲藏起来。

动物原来是这样

● 孵化后迅速寻找寄主

花绒坚甲虫幼虫孵化之后,要怎么寻找寄主呢?它们会凭借自己发达的胸足迅速爬行寻找寄主。一旦找到合适的幼虫、蛹或刚羽化的成虫寄生后,它们就开始在寄主最柔软的部位啃食,直到寄主死去。可能知道寄主的外壳并不好吃,它们通常会选择吸取寄主体内的物质,最后留下空空的外壳。

倔强的虫子

动物档案

纺 织 娘

类目：昆虫纲直翅目纺织娘科

体长：50～70毫米

会放毒的跳远能手

纺织娘的体型比较大，看上去像一个侧扁的豆荚，经常会披着绿色或者黑色的外衣到处招摇。它们的头部较小，前胸背侧片基部大多为黑色，前翅比较发达，宽度要超过底部，翅膀的长度一般是腹部长度的二倍，上面经常会分布有纵列黑色源斑。雄纺织娘的翅脉与网的形状接近，有两片透明的发声器，黄褐色的触须又细又长，长度可以达到80毫米。它还有两只又长又壮的后腿，强健有力，具有很强的弹力，可以把身体弹起来，向远处跳跃。

●逃避敌害，擅长跳、飞

纺织娘有着粗壮有力的后腿，是个跳远能手。如果受到惊扰，它便会在草叶上一跃而起，瞬间不见了踪影。如果仅靠跳跃还不能远离敌害的话，那么它就会张开翅膀，以最短的时间飞到最远的地方躲避起来。纺织娘凭借健壮的后腿和适合飞行的翅膀，往往可以轻易地逃避敌害。

●以"放毒术"来救命

纺织娘若运用跳跃和飞行战术都不能甩掉敌人的话，就会动用自己的最后绝招了——用毒。被逼到无路可逃的时候，它们会从胸腺中释放出黄色的毒液。其毒液毒性不见得有多大，主要是对敌人起震慑作用。面对纺织娘的毒液，一些不够胆大的敌人往往知难而退。当

动物原来是这样

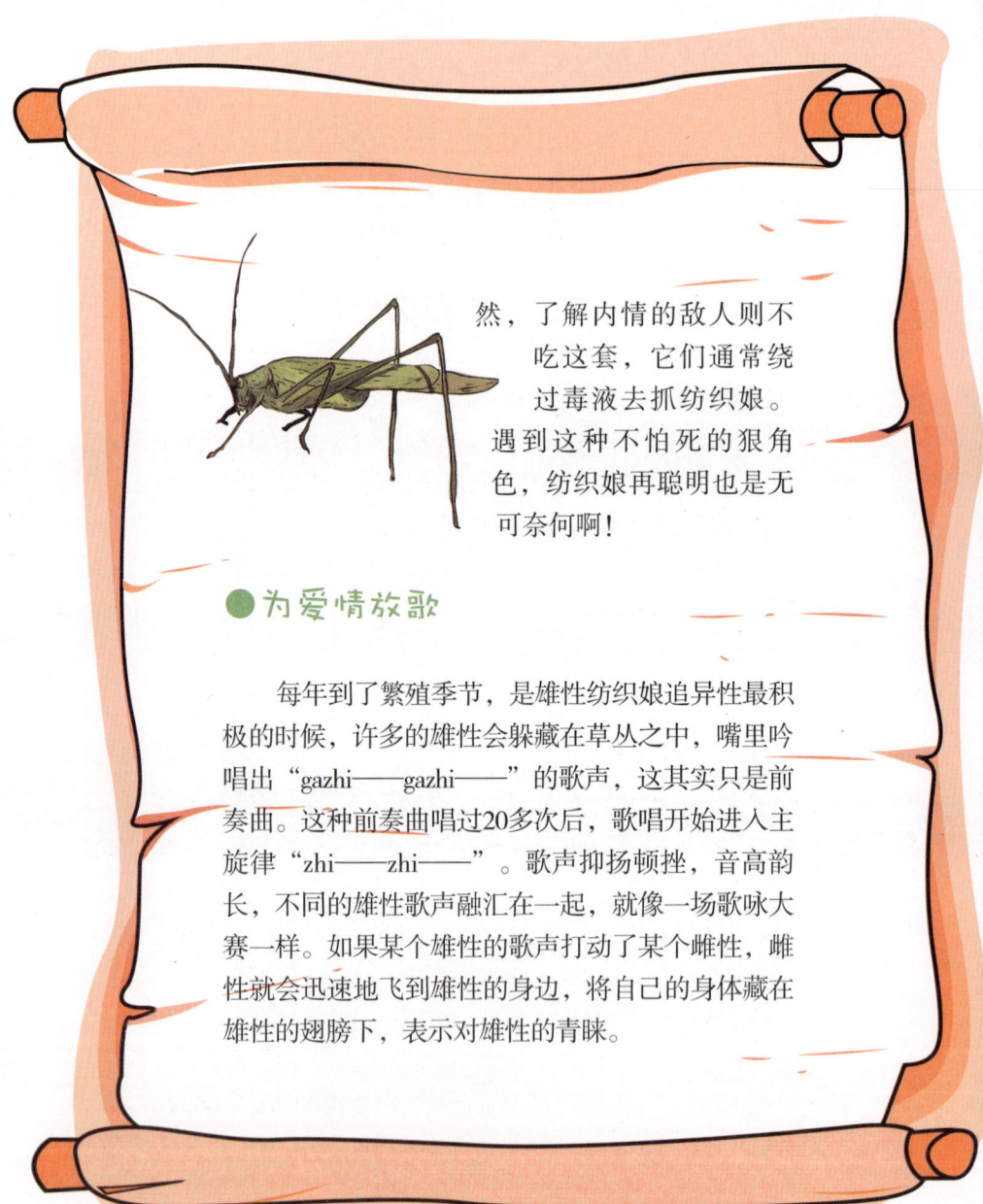

然,了解内情的敌人则不吃这套,它们通常绕过毒液去抓纺织娘。遇到这种不怕死的狠角色,纺织娘再聪明也是无可奈何啊!

● 为爱情放歌

每年到了繁殖季节,是雄性纺织娘追异性最积极的时候,许多的雄性会躲藏在草丛之中,嘴里吟唱出"gazhi——gazhi——"的歌声,这其实只是前奏曲。这种前奏曲唱过20多次后,歌唱开始进入主旋律"zhi——zhi——"。歌声抑扬顿挫,音高韵长,不同的雄性歌声融汇在一起,就像一场歌咏大赛一样。如果某个雄性的歌声打动了某个雌性,雌性就会迅速地飞到雄性的身边,将自己的身体藏在雄性的翅膀下,表示对雄性的青睐。

倔强的虫子

树蟖

类目：昆虫纲直翅目蟖斯科
体长：50~60毫米

善于隐藏的懒虫

树蟖大多都身穿绿色的"衣服"，触须为黄褐色，长度与体长相等，头部为椭圆形，头顶略尖，脸扁，与蝗虫的脸面相似，长着两颗鲜红的长牙，口器坚硬强劲，会咬人。它的前翅很长，伸展开后超过腹部，看上去很像一个尖头的蚂蚱。雌虫的身上长着一个黄红色的产卵管，末端为黑色，看上去像一把长长的镰刀。

● 典型的"变色龙"

树蟖最喜欢栖息于树上。它选择树木来栖息自有它的理由。树蟖体型较大，翅膀有许多种颜色，但每一种颜色都和树上某一部分的颜色相吻合，因此树蟖可以模拟植物不同的部位，包括树皮以及新鲜或枯萎的树叶。这样树蟖就可以与它所栖息的树木融为一体，很好地掩护自己了。

● 用歌唱表达爱意，逃避敌害

树蟖的"鸣叫歌唱"很有特色，鸣叫的作用主要表现为以下几种。首先，两性在遇到危险时均能发出声音；其次，两性之间通过鸣叫来表达爱意；最后，某些种类的树蟖鸣叫还有逃避敌害的作用，比如短促而高频的叫声能使它们不被蝙蝠发觉。

动物原来是这样

● 四处搬家,安全第一

树螽知道自己很容易被捕食者抓获,所以在栖息地上大做文章。白天,它们将自己的栖息地安在高大的树梢上,树梢的高度通常有二三十米,这是绝大多数昆虫都不愿触及的区域。晚上,它们又会将家搬到地面上的低洼之处,此时多数动物都休息了,树螽则大胆地出来觅食。为了不惊动敌人,它们行动时动作较轻,尽量不发出一丁点声响。这也是它们经常与天敌斗争而总结出来的生存经验。

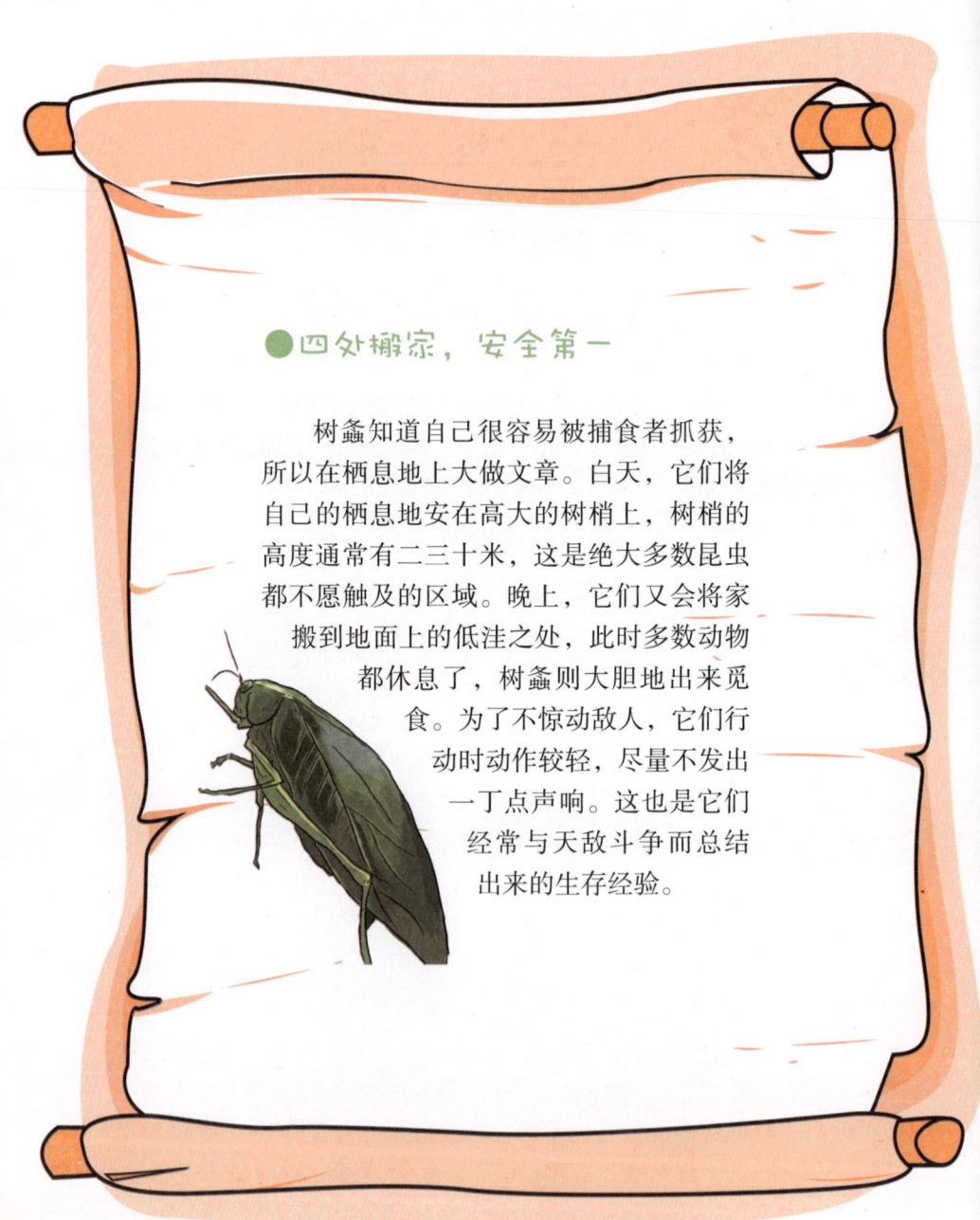

动物档案

舒氏西绪福斯

类目：昆虫纲鞘翅目蜣螂科

体长：10~100毫米

最会推圆球的大力士

舒氏西绪福斯跟它的同类一样，都披着一身黑色的盔甲，看上去强壮有力。它们也与其他蜣螂一样喜欢收集各种各样的粪便，作为自己的美食或者"储备粮"。如果一定要找出它们与同类之间的不同点，那就是它们似乎比同类更有耐心，更具有吃苦耐劳的精神。

● 大家为什么叫我"舒氏西绪福斯"

　　舒氏西绪福斯蜣螂是一种意志相当坚强的昆虫，它们在推粪球的过程中会遇到许多坑坑洼洼，不过即便道路再艰难，它们也从不放弃。推到小坑时，它们就将重心降低。有时它们还会让粪球以侧旋的方式前进，这样也节省了不少力气。如果赶上特大号的粪球，蜣螂就会叫来自己的家人和亲人，手拉手，劲往一处使，很轻松地便把粪球推回了家。因为它们坚持不懈的"推粪球精神"与古代希腊神话人物西绪福斯推山石很相似，所以人们以神话人物的名字为其命名。

● 夫妻同心，其利断金

　　较低等的物种中，很少有像人类等高等动物那样，有强烈的责任感和对家庭的忠贞不二。然而舒氏西绪福斯蜣螂却是个例外，因为它们懂得"人多力量大"、"夫妻同心，其利断金"等道理，所以雌雄蜣螂往往会一起行动来建设家庭。它们一起准备喂养下一代的粪球，一起建造洞穴，一起进食，简直就是一对相濡以沫、令人羡慕的模范

夫妻。夫妻之间的精诚合作,使得工作事半功倍,也使得它们的家庭生活幸福美满。

● 用排泄物堵洞的父母

小孩子都是很淘气的,就连蜣螂的孩子也不例外。那些蜣螂幼虫们经常将爸爸妈妈好不容易做好的粪球搞成一团糟。有时它们还会在粪球中钻来钻去,粪球因此变得十分干燥。于是,聪明的蜣螂父母就用自己的排泄物将粪球上的大洞小洞都堵起来,阻止了空气流通,粪球自然不会变干燥了。如此明智的废物利用,也只有那些充满智慧的父母才想得出来吧。

倔强的虫子

动物档案

圣 甲 虫

类目：昆虫纲鞘翅目金龟亚科

体重：约2千克

化粪便为糕点的美食专家

圣甲虫穿着一身黑色或者黑褐色的外衣，体表有着坚硬的外骨骼，复眼十分发达，咀嚼式口器，触角为鳃叶状，另外还有3对专门为挖掘泥土而"打造"的足，以及两对翅膀，前翅角质化。圣甲虫的头型是勺状的，也就意味着它的头部才是吃饭的"家伙"。刚刚孵出的幼虫都以现成的粪球为食，直到发育为成年圣甲虫才会破"粪"而出。成虫的体色原为红色，破"粪"而出之后经过阳光照射慢慢变成了黑色。植食性圣甲虫比较喜欢吃甘甜的树汁。

● 将粪便打造成完美糕点

粪便是上帝赐给圣甲虫最好的糕点。但是一团乱糟糟横堆竖放的粪便，圣甲虫是不会满意的。圣甲虫会让粪便漂亮一点——做成一个粪球，像真的糕点那样。圣甲虫的腿部弯曲，像个模子似的一点一点地给粪便定形。它不知厌倦，勤劳执着。一个苹果那样大的粪球通常会花费它好几天的时间。别看大粪肮脏，圣甲虫却能将它变成可爱的模样。

● 用利爪搬食物

除了那些饿得厉害的圣甲虫以外，大多数的圣甲虫还是喜欢将粪球运到安全的地点后再食用。圣甲虫当然也知道，用滚动的方式来搬运不失为一种好办法。然而遇到下坡时，由于往下滚的速度太快，粪球很可能失去控制而遭到损失。聪明的圣甲虫想出了一个绝妙的解决方案：它把后腿尖端的利爪插入球体中去，使球以此为轴转动，这样粪球就一直都在它的掌控之中了。

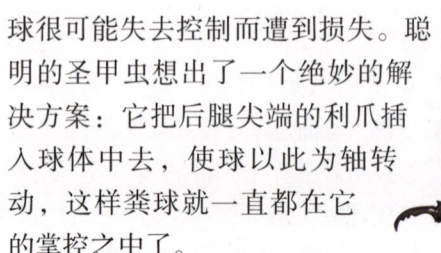

● 紧盯顺手牵羊者

当一只圣甲虫推着自己的粪球走得大汗淋漓时，常会从半路上杀出来个身无一物的同行者来主动帮着推运粪球。食物占有者表面上和和气气，与一无所有者共同推运自己的粪球，可实际上，它对后者的目的非常清楚——后者是来顺手牵羊的，趁前者放松警惕，会迅速地将粪球占为己有，因此食物所有者从不放松警惕。然而，顺手牵羊者的把戏有时也会奏效，免费得到一份可口的美食。

倔强的虫子

独 角 仙

类目：昆虫纲鞘翅目金龟子科
体长：35～60毫米

会变色的武者

独角仙凭借着自己雄壮有力的一只独角而闻名于世，因为这只独角的顶端分叉，在中国又称它为双叉犀金龟，俗称独角仙。全世界目前已经发现了具有大型犄角的独角仙约60种，其他犄角比较小或者不明显的种类要有1300多种。

独角仙因为体型较大而显得霸气十足，身体呈现为长椭圆形，脊面十分隆拱，全身为栗褐到深棕褐色，头部较小；有10节触节，其中鳃片部由3节组成。雄虫的头上顶着一末端双分叉的角突，前胸背板中央又生出了一末端分叉的角突，背面比较光滑铿亮。雌虫的体型较小，头胸上都没有角突，不过头面中央有隆起，横列小突3个，前胸背板前部中央有一个丁字形的凹沟，背面比较粗暗。它有3对强而有力的长足，末端有一对利爪，是利于爬攀的有力工具。

● **能举起比自身重850倍的物体**

独角仙最为人们称道的还不是它那只大角，而是它的力气！蚂蚁充其量能举起比自身重50倍的物体，而独角仙竟能举起比自身重850倍的物体！这是什么样的概念？简直让人无法想象！如果一个人能举起比自身重850倍的物体，那么他就可以轻松地举起一辆中型卡车。独角仙真不愧是一位名副其实的大力士！

动物原来是这样

● 按指示做动作

独角仙是一种非常聪明的动物，经过一定训练的独角仙可以参加比武大赛。这引起了一些科学家的注意。科学家用科学的方法对独角仙进行短期的训练后，独角仙能够按照科学家的指示做出一些特定的动作。有的科学家还大胆预言，假如在聪明的独角仙体内植入无线电接收设备，也许在未来的战场上，独角仙会成为出色的侦察兵。

● 随环境变化来调体色

独角仙是一种奇特的昆虫，它坚硬的外壳不仅可以保护自己，还可以随着温度的改变而变换颜色。比如在白天，独角仙的心情很不错，它们就将自己的外壳调成绿色，完美地融入周围绿色植物的大环境中。经过一天的劳作，夜幕渐渐来临，独角仙又会将它们的外壳转化成黑色。黑色的独角仙藏在漆黑的夜里，什么敌人都休想发现它。

倔强的虫子

 动物档案

菜 豆 象

类目：昆虫纲鞘翅目豆象科

体长：2~4毫米

冬天寄居在人类屋里的害虫

菜豆象对多种菜豆和其他豆类情有独钟，幼虫会在豆粒中蛀食，是一种恶名昭彰的害虫。菜豆象的头、前胸及鞘翅都为黑色，上面还密布着黄色的毛，背面为暗灰色，与常见的几种豆象有着明显的区别；腹部及臀板均为橘红色，上面密布着白色的毛，当然也有黄色的毛掺杂其中；头部长而宽，密布刻点，额中线光滑没有刻点；前胸背板为圆锥形。

● 老豆，硬豆，能生存就行

菜豆象知道其他豆象科亲戚都喜欢嫩豆子，因此争夺嫩豆子的竞争变得十分激烈。为了顺利地获得充足的食物，保证子女们平安来到世间，它们决定改变口味，将目光放在那些老的、硬的，掉在地上像石头子似的砰砰响的豆子上。于是，当其他豆象科亲戚正在为嫩豆子大战的时候，它们早已抱着又老又硬的豆子在上面产卵了，并安心地等待小宝宝们的降生。这种独辟蹊径的选择，为其生存争夺了更多的机会。

● 在人类的谷仓里过冬

菜豆象可以在野外越冬，可自己瘦弱的孩子却抵挡不了野外的寒冷。所以聪明的菜豆象将自己的孩子产在人们的农作物里。幼虫不会在农作物里潜伏多久，随着丰收季节的到来，菜豆象的幼虫会和农作物一同进入人们的谷仓。这谷仓可要比野外舒适得多，风吹不着，雨也淋不着，而且幼虫饿的时候，随手即可抓起谷子大口大口地嚼起来，好像是在向人们炫耀自己的聪明。

●将虫卵产在大豆内部

不同于其它昆虫，菜豆象的虫卵不具有黏性，如果将虫卵草率地产在大豆的表面，不是被风吹走，就是被自己的天敌啄食。为了防止这种情况的发生，聪明的菜豆象妈妈在产卵之前，会在大豆的表面咬出一个大小合适的虫洞，然后将自己的卵产在大豆的内部。将孩子藏在大豆里，别说是天敌了，就是我们人类也是很难发现的。而且因为大豆的生长，这个扎眼的虫洞会随着时间的推移而愈合，一眼看上去，谁会想到里面竟然还有着一些新生命呢？

倔强的虫子

蒂菲粪金龟

类目：昆虫纲鞘翅目粪金龟科

体长：10~100毫米

会烤面包的大厨

在蒂菲粪金龟看来，露天的沙地是最让它们心仪的地方。羊群在牧场上留下的粪便是送给蒂菲粪金龟最好的礼物。对于它们来说，那一粒粒黑色的粪便，就像是一颗颗巨大的黑巧克力蛋糕一样美味。当然，如果没有羊的粪便，它们也会接受兔子等动物的粪便作为自己的粮食。不过，对于蒂菲粪金龟来说，兔子粪是最低等的食物，它们绝对不会用这种食物来喂养自己的孩子。

● 将粪烤成美味面包

一般的食粪虫只需挑选新鲜的粪便，再加工成型运回洞穴就可以了。蒂菲粪金龟却不是这样的。它们专门挑选那种被太阳烤干晒硬了的羊粪，然后由雄性蒂菲粪金龟碾成粗粉运到地下的洞穴中，再由雌性的蒂菲粪金龟加工成型，变为幼虫的"粪面包"。干燥的羊粪可以满足幼虫那娇弱的胃吗？不必担心，这些事情菲粪金龟早就想到了，洞穴里的潮气可以使粪球软化下来，那时就可以食用了。

● 用食物盖房子

除了将干硬的羊粪磨成粉末运入洞穴外，蒂菲粪金龟也会直接将一些小香肠形的粪便直接运入洞穴中。蒂菲粪金龟将这些扁长的粪球做成毡垫把自己裹起来，同时洞底也铺着厚厚的羊粪，就像保温性很强的毛毯，让蒂菲粪金龟舒舒服服地度过寒冬腊月。用食物盖房子，

动物原来是这样

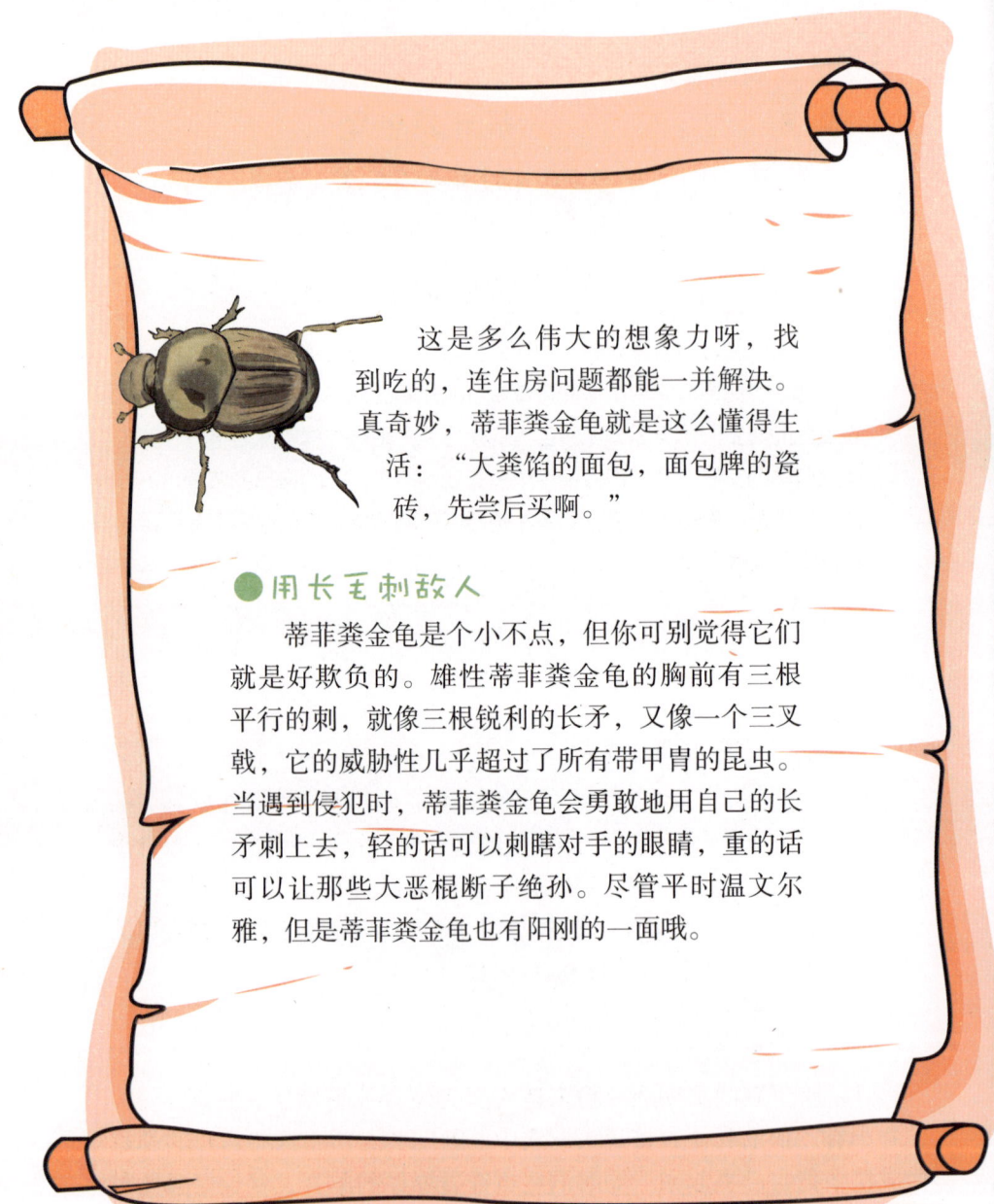

这是多么伟大的想象力呀,找到吃的,连住房问题都能一并解决。真奇妙,蒂菲粪金龟就是这么懂得生活:"大粪馅的面包,面包牌的瓷砖,先尝后买啊。"

● 用长矛刺敌人

蒂菲粪金龟是个小不点,但你可别觉得它们就是好欺负的。雄性蒂菲粪金龟的胸前有三根平行的刺,就像三根锐利的长矛,又像一个三叉戟,它的威胁性几乎超过了所有带甲胄的昆虫。当遇到侵犯时,蒂菲粪金龟会勇敢地用自己的长矛刺上去,轻的话可以刺瞎对手的眼睛,重的话可以让那些大恶棍断子绝孙。尽管平时温文尔雅,但是蒂菲粪金龟也有阳刚的一面哦。

倔强的虫子

动物档案

蜜　蜂

类目：昆虫纲膜翅目蜜蜂科
体长：20～40毫米

带着刺和毒液防御敌人的敢死队

蜜蜂是人类最为熟悉的昆虫之一，它们完全以花为食，喜欢吃花粉和花蜜，而且还会将其调制成蜂蜜。当蜜蜂在花丛中采集花粉的时候，会掉落一些花粉到花上，从而完成植物的异花传粉。对于自然界来说，蜜蜂作为传粉者的实际价值要比它制作蜂蜜和蜂蜡的价值更大。蜜蜂的口部是采集和携带花粉的主要工具，可以收集各种不同类型的花的花粉而毫无障碍。它的腹部还有两个极小的黑色圆点，这是蜜蜂的发声器官，可以发出声音。

● 用跳舞来传递信息

除了采蜜以外，最受蜜蜂欢迎的活动恐怕就是跳舞了。然而与奢侈者们享乐的跳舞不同，蜜蜂跳舞是为了传递信息。觅食的工蜂在找到食物后会返回蜂巢，将食物的热量、来源的远近等信息通过跳舞的方式传递给同伴。同伴们心领神会，按照信息即可找到可口的食物。

● 任劳任怨，只为家族

在蜜蜂的社会中，大多数是处于底层地位的工蜂，它们负责采集花蜜、哺育幼蜂、抵抗外敌，为整个蜜蜂家庭任劳任怨。特别是抵抗外敌时，工蜂会英勇地与敌人肉搏，倒钩状的刺和毒液腺留在最后使用，因为这会使得工蜂很快丧命。具有如此牺牲精神的工蜂，真是让人肃然起敬。

动物原来是这样

● 分泌"蜂王物质"信息素的蜂后

一个健全的蜜蜂群含有4万~8万只蜜蜂。面对如此众多的手下，蜂后是如何维持它的统治的呢？原来，蜂后会分泌一种叫做"蜂王物质"的信息素，这种信息素会使工蜂老老实实地服从蜂后的指挥而无争位之想。然而随着年龄的增长，年老的蜂后无法释放足够多的信息素来维持统治，那么它就会被新蜂后替代。

倔强的虫子

动物档案

金步甲

类目：昆虫纲鞘翅目步甲科

体长：35毫米左右

能在沙里乘凉的益虫

如果说，在昆虫界绿蚱蜢算个美女的话，那么金步甲应该就是个俊男了。它身穿一身黑色的大衣，戴着金色帽子，看上去颇有几分文艺范。金步甲并不善于飞行，多在地面活动。它们行动敏捷，有时会在土里挖掘隧道，因为它们喜欢潮湿的土壤。白天的时候，它们会躲藏在木下、落叶层、树皮下、苔藓下或洞穴中，避免阳光的照射。在热带和亚热带地区居住的金步甲更多的是在植株上活动。

● 捕食有害昆虫

金步甲是一个无情的杀手。让我们先看看它的菜单再对它做出评价吧：松毛虫，以松针为食，松树的最大敌人；蜗牛，各种绿色植物的破坏者；大孔雀蝶的幼虫，各种嫩叶的啃食者。由此可见，金步甲捕食的都是一些对植物有害的昆虫。它是庄园的守护者，一个称职的植物警察，一个令人尊敬的辛勤园丁。

● 在沙土里乘凉

炎炎夏日，金步甲喜欢一边打瞌睡，一边消化食物。它们采取了一种特殊的睡觉方式：将一半的身子埋在沙土里，这样做就是为了凉快。夏日里的太阳毒辣无比，即便有一身盔甲保护的金步甲也无法承受如此的高温。但是沙土下面太阳晒不到，很凉快，是个不错的去处。于是金步甲就将自己的一半身体埋进沙土里乘凉，这样就不怕中暑了。

动物原来是这样

●给你一个缓期执行的机会

金步甲与螳螂一样，有着残忍而又悲情的婚俗。但金步甲比螳螂要好一些，新娘会给新郎的死刑加上一个缓期执行。新婚之夜，新娘会和新郎尽享洞房之乐，这一晚新娘是不会对新郎下手的。而后，新娘和新郎就会各奔东西。不过当它们下次相遇时，新娘就会宣布新郎的缓期到期，开始对新郎追杀，其残忍程度比对待猎物更甚。

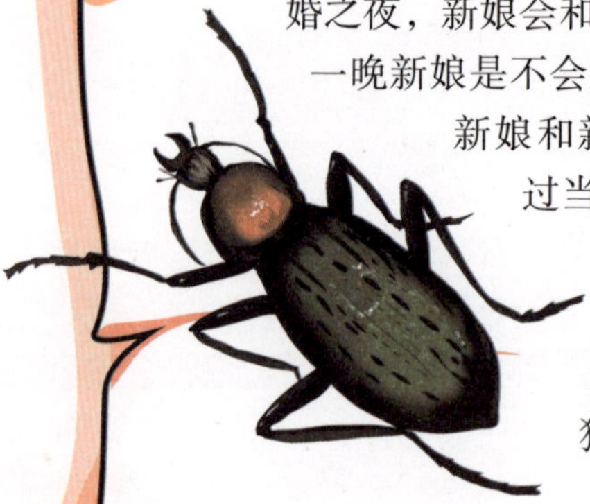

倔强的虫子

灰蝗虫

类目：昆虫纲直翅目蝗科

体长：110毫米左右

用歌声联络伙伴的歌唱家

蝗虫是一个庞大的群体，数量极多，生命力堪比蟑螂，尤其在山区、半干旱区、森林、低洼地区、草原最为常见。

蝗虫是农作物的天敌，无数农作物在它们的"摧残"之下颗粒无收。尤其是在严重干旱的时候，蝗虫的群体会"瞬间"增大，对自然界和人类造成严重灾害。蝗虫的幼虫只"配备"了"跳跃功能"，而成虫则"功能"比较强大，既可以飞行，也可以跳跃。

● **不起褶皱的"换衣"技术**

灰蝗虫是个换装达人，可以在保证"衣服"不起褶皱的情况下"换衣"。蜕皮时，灰蝗虫小心翼翼，不忙不急，生怕一不小心就弄坏它那件宝贝"衣服"似的。幼虫的腿上还长有锯齿，与表皮紧紧贴合，这可是蜕皮时要当心的，稍不留神就很有可能划破"衣服"。蜕皮前，它们要将小腿变软，使自己整条腿处于一种极富弹性的状态。可以说这种"换衣"状态跟练习瑜伽没什么区别，身体软得跟液体似的，保证它们轻轻松松从通道里"流出来"。

● **通过歌唱联络伙伴**

灰蝗虫还是个小歌唱家。它们会借助后腿上的发音设备，每天在大自然里引吭高歌。不过你可千万别误会，它们歌唱并不是为了娱乐，而是用来与周围的小伙伴们联系。这种歌声是独有的，只有蝗虫之间才能听懂其中的含义，当然稍不留神儿也会给自己招致杀身之祸。

动物原来是这样

● 用神经细胞与同伴保持距离

灰蝗虫喜欢成群活动，乌压压的一大片，可它们从来都不会发生彼此碰撞的现象。原来在灰蝗虫的脑子里有一种很大的神经细胞，这些细胞指引着个体灰蝗虫与同伴之间保持距离。曾经有人为了测试灰蝗虫的这一能力，利用3D技术给灰蝗虫观看电影《星球大战》，试图给灰蝗虫一种置身于混乱的战斗场面的错觉。测试结果表明，即便在炮弹满天飞的战场上，灰蝗虫也能保证迅速准确地躲避一切障碍物。

倔强的虫子

动物档案

燕 尾 蝶

类目：昆虫纲鳞翅目凤蝶科

翅展：70~86毫米

会炼毒药的狠角色

燕尾蝶，学名为金凤蝶，是体型最大的一种蝴蝶。翅膀为黄色，上面还镶嵌着红、橙、黑、蓝、紫、绿等艳丽的花纹。大多数燕尾蝶的主翅上都有一对漂亮的缀翅。燕尾蝶喜欢在草木繁茂、鲜花盛开时节的灿烂阳光下，翩翩起舞，上下盘旋，主要以采食花粉和花蜜为生。美丽的翅膀加上漂亮的缀翅以及优雅的舞姿，让燕尾蝶获得了"能飞的花朵"、"昆虫美术家"的雅号。

● 追你要追得精疲力尽才罢休

燕尾蝶是蝴蝶家族中有名的暴脾气，并且十分好斗。人们都听说小鸟吃蝴蝶（幼虫）的故事，可谁听说过蝴蝶追小鸟呢？燕尾蝶就敢这么干，发起脾气来的燕尾蝶可以对一只胆战心惊的小鸟追击半分钟以上。另外，当两只雄性燕尾蝶为争夺一只雌性燕尾蝶而战斗时，竞争更激烈，一定要打到有一方落荒而逃后才会停手。

● 没毒，可我们要提炼毒药

几乎所有的蝴蝶都具有分泌毒素的本领，可燕尾蝶却没有这种本事。不过燕尾蝶会利用聪明的头脑自己去寻找毒素。它们的目标是一种有毒的植物，燕尾蝶找到这种植物后，会将植物的毒素储存在自己的体内。因为它们本身对这种植物毒素有抗体，所以是绝对不会中毒的。遭遇敌人袭击时，燕尾蝶就将体内储存的植物毒素发射出来还击敌人，其杀伤力不亚于其他蝴蝶的毒素。

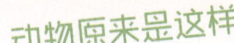
动物原来是这样

●用头尾倒置的方式迷惑你

燕尾蝶的尾部有两条美丽的缀饰，这可并不是仅起到装饰作用的。两条尾带形似触角，会让敌人以为这是燕尾蝶的头部，对其尾部发起进攻而忽视燕尾蝶真实的头部。除此以外，两条尾带上还有眼睛状的斑纹，这也增强了与某些昆虫头部的相似度，从而更能轻而易举地骗过捕食者。

倔强的虫子

动物档案

赤条蝽

类目：昆虫纲半翅目蝽科

体长：10～12毫米

给卵盖上白毛的毒虫

赤条蝽的体表十分粗糙，上面密布刻点，身上披着一件红褐色与黑色条纹相间的外衣，体腹面为黄褐色或者橙红色，上面散生着很多大黑斑。它们经常栖息在寄主植物的叶片、花蕾和嫩荚上吸取汁液，导致植物生长衰弱，是胡萝卜、茴香等伞形花科植物以及白菜、萝卜、洋葱、葱等蔬菜的天敌，如果用于留种的菜受害，会使种荚畸形、种子减产。在我国的很多地区都可以看到它们的身影。

●用艳丽的外衣吓唬敌人

赤条蝽有着一件颜色十分艳丽的外衣。这件外衣由黄色和黑色的条纹组成，色彩对比强烈，有着很强的警戒作用。许多昆虫都穿着这样颜色鲜艳的外衣，尽管暴露了自己的存在，但也会让捕食者们不敢贸然下口。这种对比明显的颜色所体现的画外音就是"我有毒，别吃我"或是"我不好吃，别吃我"。

●我放臭气臭死你

如果警戒色没起到作用，捕食者依旧穷追不舍的话，赤条蝽就会动用自己的第二件武器——臭腺。赤条蝽成虫及幼虫的臭腺都十分发达，当受到敌人侵害时，会立即放出臭气。臭气对一些靠嗅觉来捕捉猎物的捕食者来说是一件十分危险的武器。许多捕食者会因为难以忍受臭气的袭击而先赤条蝽一步逃跑。

动物原来是这样

● 以卵上盖白毛的方式保护卵

赤条蝽保护卵的方式也是昆虫世界里非常流行的一招——在卵上覆盖白毛。这些白毛卵通常成块分布，仅从外表来看，很难让天敌将虫卵和可口的美食联系在一起。即便虫卵暴露在猎食者的面前，一堆白毛也会让猎食者感觉反胃，更别提吃这些东西了。

● 装成毒蛇来吓你

赤条蝽在毛毛虫时期，几乎不具备任何防御能力，因此它就成为了各种鸟类的捕食对象。为了应对各种不利的局面，聪明的赤条蝽进化出了一对与蛇眼有几分相似的伪眼以及醒目的绿色和黄色的斑块。这些斑块可以将赤条蝽伪装得像一条斑纹毒蛇，而其犀利的伪眼更可以对鸟类起到威慑作用。如此逼真的伪装，让赤条蝽多次躲过了小鸟的袭击。

动物档案

桑 天 牛

类目：昆虫纲鞘翅目天牛科
体长：34~36毫米

善用大颚的挑食者

桑天牛的身体为黑褐色，上面布满了暗黄色细绒毛，有两条鞭状的触角，十分显眼。它们主要分布在北京、天津、河北、河南、湖北、湖南、广东、广西、辽宁、山东、安徽、台湾等多个地区。成虫对食物的嫩叶和嫩树皮情有独钟，往往会选择在光线好的白天出来取食，晚上则用来产卵，每天从晚上8时半到第二天的4时半左右产卵，天亮之后，就会回到栖息木上继续取食。幼虫则会在枝干的皮下和木质部内，向下蛀食。为了保持自己的饮食环境干净卫生，它们不在自己开凿于树皮下的虫道内排粪便。

● 最喜爱的食物——桑树

桑天牛非常挑食，除了桑树，其他任何植物都不屑一顾。桑天牛自有它们的道理。桑天牛尝遍了天下的植物，发现桑树的含糖量是最高的，只有桑树才能满足自己对营养的需求。而其他种类的树木营养价值就比较低了。所以为了补充足够的营养，聪明的桑天牛只选择吃桑树。尽管桑天牛成虫以桑树为食，但雌性桑天牛却把卵产在杨树上，幼虫以杨树为食。

● 在树干内蛀虫道

桑天牛的卵在杨树干内孵化后，幼虫就会沿着韧皮部和木质部之间向上蛀食一段距离，然后蛀入木质部内向下蛀蚀，再大一点就会蛀

动物原来是这样

入树木的髓部。这样幼虫就会在树干内蛀出长长的虫道。在虫道上每隔一段距离还会被咬出一个向外的圆孔，这是幼虫用来向外排粪的。排粪孔之间的距离随虫体的增长而加大。因为有了排粪孔，所以在桑天牛的虫道内没有粪便和木屑。

● 用大颚开创未来

幼虫凭借强有力的大颚，可以在虫洞里咬这吃那，来去自如。但成虫们就没有这套挖掘装备了。如果羽化后的成虫仍困在树干里，那么它就很难逃出去了。因此幼虫会在自己羽化之前的一段时间开始向树皮蛀蚀，直到在树皮边缘咬出羽化孔的雏形。随后幼虫回到髓部羽化，变为成虫后，就可以轻松地从羽化孔飞出树干了。

倔强的虫子

动物档案

盗虻

类目：昆虫纲双翅目食虫虻科

体长：20~28毫米

爱护眼睛的神枪手

盗虻选择以蝗虫、蛾蝶、甲虫、蜻象等这些植物的害虫作为自己的食物，是人类消灭害虫的好帮手。不过，在养蜂地区，它也会捕食蜜蜂，让蜂农又爱又恨。另外，它们还会发生同类自相残杀的现象。它的幼虫主要生活在土中、枯枝落叶或者腐烂的木材中，以捕食其他的昆虫为生，如地下的害虫蛴螬等。盗虻以捕食其他昆虫为食，同时还会吸食人畜的血液。成虫盗虻的飞翔能力很强，雌虫要比雄虫的捕食能力强，还具有挑战精神，会在飞行中捕食大型胡蜂、蜻蜓等昆虫。

● 在中意的异性面前跳求爱舞蹈

雄性盗虻是个浪漫主义者，求爱时也往往采用浪漫的方式——跳舞。当交配季节来临时，雄性盗虻会在自己中意的异性面前表演一场精心准备的求爱舞蹈。当然舞蹈的动作不会太复杂，通常只是一些上下晃动腹部的简单动作，颇有点像肚皮舞。雄性盗虻凭借着性感的舞蹈身姿，往往能吸引那些雌性盗虻对自己产生兴趣。一旦接受了雄性的追求，雌性会很乐意为自己的心上人生儿育女。

● 果断出击，决不脱靶

盗虻可真算得上是个勇敢的捕食者，连强壮的胡蜂、蜻蜓都不放过，那些蜜蜂之类的小型昆虫就更别提了。盗虻最擅长的是捕捉那些处于移动状态的猎物，而一个处于静止状态的猎物，未必能够引起盗

动物原来是这样

虻的注意。盗虻的视力非常好,所以对那些移动中的昆虫能够准确地定位,。一旦瞄准,就会果断出击,从来不会出现脱靶的现象。

● 用刚毛保护眼睛

作为一个专业的捕食者,良好的视力是必不可少的,因此眼睛对盗虻来说就显得尤为重要。事实上,盗虻也是尽全力保护它那珍贵的眼睛。在盗虻复眼的周围长有许多粗大的刚毛,可以保护眼睛不受伤害。

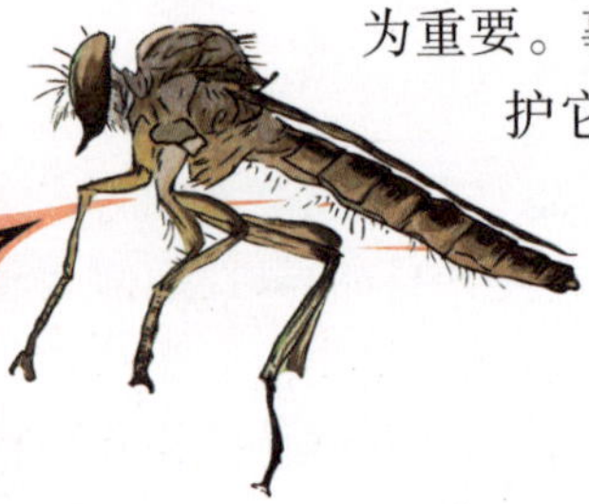

倔强的虫子

动物档案

瘿(yīng)蚊

类目：昆虫纲双翅目瘿蚊科

体长：3毫米左右

用精良装备抵御敌人的寄生者

瘿蚊的体型较小，状如蚊虫，有一对膜质的透明翅，翅上有3条明显的纵脉，没有横脉，后翅逐渐退化为平衡棒。胸背为灰黑色。瘿蚊的成虫十分脆弱，飞翔能力较弱，大多会选择在幼虫生活场所的附近活动，只有少数夜间向光。雌瘿蚊会将卵产在寄主植物上，如花蕾或者嫩芽的隙间、树皮的缝中以及幼虫喜欢生活的其他场所。为了增强"宝宝"的存活率，瘿蚊产的卵多为散产，不成卵块。植食性瘿蚊中，有很多会危害一方，对林木、农作物和经济作物造成危害。而捕食性瘿蚊则与之相反，是害虫的天敌，有益于人类。

● 以精良装备抵御敌人

在残酷的野外生存竞争中，瘿蚊幼虫的生存率极高，这要归功于它们精良的装备了。首先，幼虫的上颚骨化程度很高，呈狭细的针刺状，或在末端分叉，成为幼虫强有力的武器；其次，幼虫胸腹板上有一突出的剑骨片，是幼虫的弹跳器官；最后，在幼虫的"颈"部上常有数个带有色素的眼点状构造，使幼虫感光能力增强。从里到外，从上到下，将自己装备得完美无缺，瘿蚊幼虫怎会轻易地落入敌人的手中呢？

● 用制瘿技能逃避敌害

别看瘿蚊个子小，它们的能力可不小。瘿蚊熟练地掌握只属于它们

动物原来是这样

的生存技能——制瘿。还年幼的时候，它们就开始刺激寄主的植物组织，使寄主畸形成长，形成虫瘿。然后幼虫将自己掩藏在瘿中，借以逃避敌害。不但如此，幼虫还借助这个虫瘿作茧化蛹。就凭这点本事，瘿蚊可以寄生于多种草本植物中，控制着寄主的身体，从而为自己创造更为有利的生活条件，使自己的生活更加美好。

● 采用幼体生殖方式

瘿蚊为了追求高效的生殖，选择了幼体生殖的方式，即瘿蚊在幼虫期时，体内的卵细胞会孤雌发育，成为若干新一代的幼虫，并进入母体幼虫的体腔内，靠取食母体的脂肪体为生，使自己不断长大，直到母体幼虫的身体破裂，新一代幼虫逸出为止。虽然方式残忍，需要牺牲自己，但这是为了自己种群的延续，母蚊死而无悔！

倔强的虫子

动物档案

鸣 鸣 蝉

类目：昆虫纲同翅目蝉科

体长：35~38毫米

会粉刷房屋的歌唱家

在北方地区，一旦到了夏季，就能听到鸣鸣蝉聒噪的叫声，仿佛在提醒人们夏天已经来临。鸣鸣蝉，又叫知了，是北方夏天最常见的昆虫之一。它是个暗绿色的"胖子"，身体有黑色的斑纹，还有一双暗褐色的复眼，帮助它们观察周围的动向，头上长着3个红色的单眼，呈三角形排列。另外，它还有一对黄褐色的透明翅膀，是逃生的必备法宝。

● 改造嘴巴在树上挖井

鸣鸣蝉靠吸食树的汁液为生。然而，树木有一层坚韧的树皮做保护层，使许多想从树木身上吸取汁液的昆虫望而止步。为了打穿树木的保护层，鸣鸣蝉特地改造了自己的嘴巴，使自己的口器更加坚硬，不仅可以轻轻松松"挖开"树皮，还不会磨损自己的小嘴，从而可以连续不断地挖掘，直到在树上挖出一口小井，然后尽情地吮吸甘露。

● 用液体和稀泥粉刷洞壁

蝉的幼虫是个高明的粉刷匠，由于要在地下待上4年才能变为成虫，所以一个漂亮舒适的地下卧室对蝉来说就显得尤为重要了。蝉自小就懂得一个道理，它在干燥的土壤中挖洞，容易塌方，那么蝉的幼虫是如何解决这一问题的呢？原来，蝉的幼虫比成虫体型要大很多，体内充满液体，就像患了水肿一样。在挖洞时，这些液体会分泌出来，与沙土混合形成稀泥。蝉就像一位高明的粉刷匠一样，将稀泥均匀地涂在洞壁上，形成一层硬壳，如此一来，洞就不容易塌方了。

动物原来是这样

● 透过薄土盖子，预测天气变化

鸣鸣蝉也是出色的天气预报员。它们拥有自己独特的探寻天气变化的诀窍。幼虫花几个星期的时间在地下挖土、清道，加固垂直洞壁，却始终不把地表挖穿。透过那层薄土盖子，鸣鸣蝉可以灵敏地感觉到外面的天气变化。如果风和日丽，它便会钻出洞来享受阳光；如果天气阴沉，它便躲在洞里休息。因此，要是人们想要知道天气的变化，直接观察鸣鸣蝉的活动状态就可以了，十分准确。

倔强的虫子

猎镰猛蚁

类目：昆虫纲膜翅目蚁科

体长：10~20毫米

与叶蝇合作，打扫卫生

猎镰猛蚁的头呈矩形，背腹扁平，体侧略显平直，后头凹陷。上颚宽并呈三角形，咀嚼缘长有并不明显的牙齿。额叶将触角插入处遮盖。触角共有12节，柄节超过后头缘。复眼较小，位于头侧中线的前面。爪简单。螫针发达。猎镰猛蚁擅长跳跃，外形很酷，具有观赏价值。

● **独行侠**

猎镰猛蚁算是蚁类中的"俊男美女"，它们身材修长，有些还长着狭长的翅膀，背部还有几根浅刺，给人一种独特的美感。它们不像其他种类那样，做什么事都要召集好多同伴共同完成，而是独来独往，是独行侠。很多人都崇拜武侠小说里的侠客，如果非要这么比喻，那猎镰猛蚁就算是蚁类中的侠客了。

● **我还会跳跃**

它们有着大多数蚁类没有的一项技能——跳跃，它们不像某些猛蚁那样可以跳得那么高、那么远，但这仍然是一项极有价值的技能。无论是在行动中，还是在捕食中，或是遇到危险逃亡的过程中，跳跃这项技能给它们带来了极大的便利。有时奋力一跳，或许就能帮助它们一击致命地杀死敌人，或者在危急的时刻逃过敌人的追捕。

●我有免费的清洁工

猎镰猛蚁是肉食性蚁类，它们进食之前会把得到的食物先拖到巢穴里，然后再慢慢享用，这无疑会给它们的"家庭卫生"造成巨大的负担，有时甚至会堵塞交通要道。而猎镰猛蚁很懒惰，不爱打扫，这可怎么办呢？不用担心，它们找到了免费的清洁工来帮自己收拾巢穴。叶蝇属于腐食类动物，故而对猎镰猛蚁的剩菜格外喜欢。这倒真是笔合适的交易，你帮我打扫卫生，我为你提供食物，何乐而不为呢？

倔强的虫子

动物档案

蓄奴蚁

类目：昆虫纲膜翅目蚁科
体长：约2毫米

为幼蚁洗脑的蚁族

蓄奴蚁是蚂蚁家族中的一员，有奴隶主的称号，头呈三角形，大嘴像弯刀一样，具有强大的战斗力，甲壳比一般的蚂蚁厚。蓄奴蚁是一个好吃懒做的家伙，不会劳动，需要依靠奴隶的养活才能生存。

● 看我如何收服奴隶

蓄奴蚁可以说是蚁类中最懒的一族了。它们不会捕食、不会洗澡，不会清理巢穴，可以说一无是处。但是它们却有着强大的战斗力，它们靠侵略和掠夺来生存。最典型的表现就是蓄养奴隶，这也是它们名字的来源了。它们依靠武力攻占其他蚁类的蚁巢，然后统治蚁巢，奴役这里的蚁群。它们的生存就靠这些奴隶了。

● 我的生命中只有战斗

蚁类的祖先实际上都具备良好的劳动能力，唯其如此，它们才能生存下去。至于如今这么多的蚁类，它们都是根据各自的生活条件而选择进化而来的。蓄奴蚁无疑选择了一条比较偏激的进化道路。它们单纯地追求武力，不断地战争，最终，它们的身体变得适合战斗，虽然有强壮的大腭，却只知如何攻击，而荒废了最基本的生活能力。

动物原来是这样

● 洗脑教育很重要

蓄奴蚁掠夺其他蚁类的幼卵，抢来后便给这些幼蚁灌输它们这种侵略者的思想，使幼蚁认为自己应该服侍主人，应该服从主人，这便是奴隶的形成过程了。此后，蓄奴蚁在攻击别的蚁巢时，这些奴隶又会成为它们有力的助手，去抢夺更多的幼卵，继续培养下一代奴隶。洗脑教育实在是一种可怕的手段，但对于蓄奴蚁来说，这无疑是扩大统治的最好方式。

倔强的虫子

动物档案

食人蚁

类目：昆虫纲膜翅目蚁科

体长：5～10毫米

审时度势的攻击团体

食人蚁极具攻击性，从不挑食，虽然长得小，胃口却很大，而且数量多。它可以吃掉任何植物，还可以吃人，因此是一种非常危险的蚂蚁。

● 具备超强的攻击性

能够获得如此具有威慑力称号的蚁类当然不是好惹的。它们是行军蚁的典型，其特点之一就是具备极强的攻击力。它们的饮食很杂，尤其偏爱肉食。它们的吃法实在有些骇人听闻。最典型的事例便是它们攻击一头野牛：一大片食人蚁突袭而来，野牛还在悠闲地吃着草，没有察觉到四周的危险。十几分钟之后，蚁群过去了，在它们身后则只留下了阴森森的野牛白骨！可想而知其攻击力有多强大了。

● 该退则退

虽然食人蚁具有很强的攻击力，但有时也会碰上它们难以攻下的对手。而这时，它们不会再贸然进攻，而是想办法撤退逃离。它们也很有办法：群体中的老弱病残行动能力不足者，便会由其他蚁抬着行动；部队的前锋和后卫都是最强壮的家族成员，这不仅可以更好地发挥攻击力，还能够更好地保护相对弱小的成员。当前锋们感觉目标强大，部队难以攻下时，它们便会立即掉头，并且向后边的成员发出信息，告之撤退。部队在几分钟内便能前锋变后卫，后卫变前锋，迅速改变行动方向。

动物原来是这样

●不能忽视集体的力量

蚁类一般都会很重视集体的作用，因为它们在茫茫世界中实在太渺小了，食人蚁更是其中的典型。一两只食人蚁实际上不具备什么攻击力，它们的攻击力是靠集体力量体现的。我们都知道蚂蚁遇到火灾时，会抱成一团，滚出火的包围。这无疑很好地诠释了它们的集体感。

倔强的虫子

动物档案

白 蚁

类目：昆虫纲膜翅目蚁科

体长：10毫米左右

分泌物就能搞破坏

白蚁的身体软而小，长长圆圆的，体色呈白色、淡黄色、赤褐色或黑褐色。白蚁是一种群居性动物，有着严格的分工。白蚁的繁殖能力超强，数量呈几何级增长，如果一个白蚁群体失去了繁殖能力，那么对这个群体的打击是非常大的，甚至会导致整个蚁群的毁灭。

● **等级制度确保蚁群发展**

白蚁是蚁类的典型之一，过着忙碌的群体生活，每个巢穴中的白蚁多达百万，它们具有明确的分工和严格的等级关系。这种社会性生活方式是蚁类的特点，也是蚁类生存发展的重要保障。

● **出自我们之手的高级巢穴**

蚁类的建筑才华是我们有目共睹的，而白蚁更是其中的典型。白蚁的种群密度本来就很大，这更需要一个稳固巨大的空间供其生存。白蚁的巢穴大到可以供百万只白蚁栖息，并且里边拥有产卵室、生长室、活动空间，还有连接地下水的隧道，可以利用空气对流的通风道。这样的建筑出自小小的白蚁，它们的建筑头脑是其他动物难以企及的，而人类若想拥有这样一座巨大的建筑，在现阶段也是很难实现的。

动物原来是这样

● 名副其实的破坏王

蚁类的破坏性很强,白蚁尤为突出。这不光是蚁类间的战争,也是对其他动物的威胁。事实上,白蚁虽不像行军蚁、战蚁等仅仅具有强大的攻击性,但它的破坏力却是毋庸置疑的。举例而言,白蚁可以分泌一种蚁酸,这种蚁酸达到一定程度(白蚁正常分泌即可达到这种程度)后竟然可以腐蚀白银。要知道,就算是人,想要破坏一块白银也不是手到擒来的事,而白蚁却做到了。白蚁还可以将生成的蚁酸吃下却不会伤害自己。

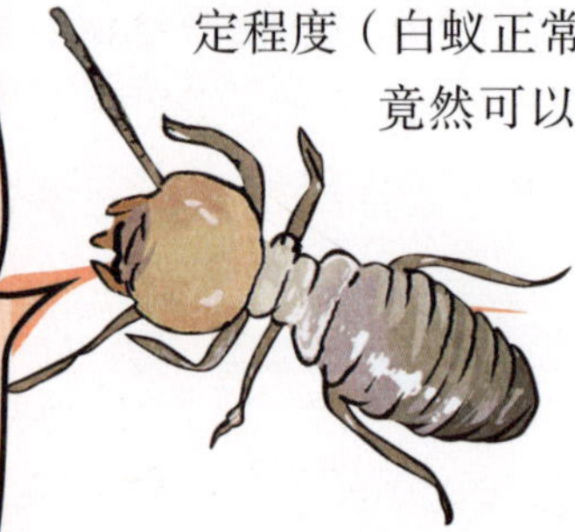

倔强的虫子

埋葬虫

类目：昆虫纲鞘翅目埋葬虫科
体长：10～35毫米

用粪便当武器的自然守护者

埋葬虫有多种，体型外观变化很大，有的呈扁平状，有的呈圆筒状，触角呈短棍棒状。埋葬虫的食物是动物死亡后腐烂的身体，还能吃动物的粪便，这对人类的环保做出了很大贡献。

●大自然的清道夫

埋葬虫可以称得上是大自然的清道夫。它们具有食腐性，专吃动物的尸体或是某些粪便。它们的食性促进了大自然的物质循环，起着净化自然的作用。它们的行为实际上是对大自然乃至整个生物圈的保护。大量的生物都在破坏着自然，只有少数生物在竭力地用天性保护着自然，我们或许应该感谢这些保护自然的生物。

●我的武器你享受不起

埋葬虫也像其他具有"化学武器"的虫子那样，有护身绝技。埋葬虫的护身绝技可比那些"化学武器"厉害多了——它们的武器是自己的粪便。想想吧，有敌人试图捕捉它们，结果却被无情地喷了一身粪便，更厉害的是这些粪便的气味实在是令人恶心异常，有着特有的尸臭（它们的食物便是动物尸体），一般动物还真是忍受不了啊。

动物原来是这样

● 先给孩子储存好食物

埋葬虫的家长意识很强烈。它们产卵前，会先为下一代找到足够的食物。它们找到动物尸体，在尸体下挖掘，直到尸体组织进入土壤，然后它们会在尸体上产下卵，并等待着孩子们的出生。在这过程中，它们会努力地克制自己的欲望，能不吃就不吃，太累时才吸一口动物的血，它们要将足够的食物留给下一代。

倔强的虫子

水螳螂

类目：昆虫纲半翅目红蝽华科

体长：40~45毫米

诱惑敌人，瞅准时机再下手

水螳螂的体型细长，体色为黄褐色，头细小，复眼发达，前脚为镰刀状，腹部末端有细长的呼吸管。水螳螂栖息在水草丛中，以小鱼、小虾等水中小动物为食。

● 守株待兔其实很好用

水螳螂外形像螳螂一样，也具备强有力的像镰刀一样的武器。它们在捕食猎物的时候，也是讲究策略的，通常会用守株待兔的方式来捕捉从身旁经过的小鱼、小虾、蝌蚪、孑孓（jié jué）。当看到猎物，它们会把自己伪装起来，一旦猎物到达自己的掌控范围之内，再用自己锐利的武器，猛烈发起进攻。

● 和侵略者斗争有机巧

动物学家曾经观察到一个有趣的情形。一种水竹节虫想要抢占水螳螂的地盘，水螳螂当然不肯让，侵略者顿时勃然大怒，向水螳螂发起了进攻。水螳螂不甘示弱，把侵略者打倒在地，并巧妙地堵住了水竹节虫的呼吸管。水竹节虫只好拼死一搏，顺利呼吸到空气。即将败下阵来的水螳螂，诱使水竹节虫来抓它，趁机压住水竹节虫的头部，直到水竹节虫投降，水螳螂才把它放走。通过这一情景，水螳螂的机智显露无疑。

动物原来是这样

● 坚硬的外壳，什么水温都不怕

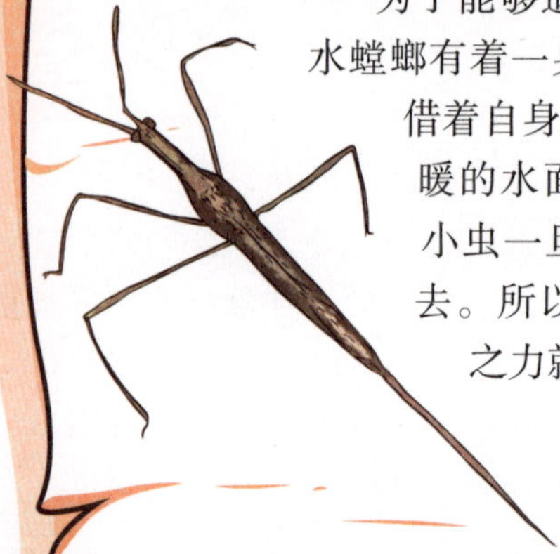

为了能够适应夏天的水温，成年的水螳螂有着一身坚硬的外壳。它们会凭借着自身坚硬的"盔甲"到比较温暖的水面上捕捉食物。因为有的小虫一旦接触温水，就会慢慢死去。所以它们经常能够不费吹灰之力就饱餐一顿。

倔强的虫子

动物档案

蚤蝼

类目：昆虫纲直翅目蚤蝼科
体长：5~10毫米

身披铠甲的跳跃能手

蚤蝼的口器为咀嚼式，前胸的背板大，翅膀长短不一，有些不具翅膀。蚤蝼身上长着发达的发音器和听器，鸣声悦耳动听。蚤蝼是一种具有观赏价值的昆虫，能给人们带来欢乐。有些蚤蝼生性好斗，训练之后成为了很好的斗士。

● 小铲子，大本领

蚤蝼有点莽撞，不管前方土堆有多大，它只管挥动一双威风的铲子刨土，动作飞快，像个劳动模范。

● 发声器为爱情歌唱

蚤蝼是一种鸣虫，它的发声器和听声器都很发达。有意思的是，蚤蝼雄虫没有发生器，只有雌虫能够发出声音。可不要小看这声音，雌虫发出的求偶声音是吸引雄虫求爱的信号。也就是说，只有等雌虫发出求偶声音时，雄虫才可以发起爱情进攻。这些微小的精灵夜半鸣吟，为爱情歌唱不停。

动物原来是这样

● 我是机敏小金刚

蚤蝼的前胸扁平，前翅坚硬，就像一个小型的金刚。它虽身披铠甲，但行动可一点都不慢，反应很快，跳跃能力更强。蚤蝼跳跃能力如此之强，主要归功于它的后腿，它的后腿跗节便有3~4节，这让它有足够的能力变得如此机敏，成就了"机敏小金刚"这样的称号。如果你想给它拍照，可是需要一定技巧的。

倔强的虫子

动物档案

豉甲

类目：昆虫纲鞘翅目豉甲科
体长：5～10毫米

爱耍气雾弹的高手

豉甲的身体为黑色，成虫在水面漂游，幼虫栖息在水里。有上下两对复眼，能够同时观察水面上、下的情况。外骨骼坚硬，不易弯曲，像是微型硬壳船，并且能够利用脚部和翅膀产生推力，在水面上快速旋转，形成圆圈。豉甲喜欢聚集在水面上，捕食昆虫和其他生物。

● 两对复眼能躲避天敌的追杀

一般的昆虫都长有两只眼睛，顾得了水上就无法顾及水下，也很可能会因此而面临灭顶之灾。而豉甲就不会为此而担心。它们有一个法宝，那就是它们身上的两对复眼，可以凭借两对复眼轻松地观察水面和水下的情况，因此它们能够快速地躲避天敌的追杀，当然还能够迅速地寻找到猎物。这两对复眼可谓是豉甲"居家旅行"的必备法宝啊！

● 小小钩子用处大

豉甲的腹部末端长有钩子，它们能够把钩子的功能最大程度地发挥出来。首先，在捕食的时候，它们会用钩子固定身体，把自己挂在植物上，等待猎物到来。其次，在幼虫化蛹期间，它们会背朝下将钩子挂在岸边的植物上，防止自己被水流冲走。一个小小的钩子被豉甲运用得如此灵活，不得不让人佩服。

动物原来是这样

● 要小心我的气雾弹哟

在电视剧中常有这样的情景：某角在打不过对手的时候，忽然扔出一个烟雾弹，等到烟雾散开的时候，他早就逃之夭夭了。坆甲的成虫在受惊的时候，也会排出一种气味难闻的乳状液来恐吓对手，并趁机迅速逃跑。

倔强的虫子

摇蚊（幼虫）

类目：昆虫纲双翅目摇蚊科

体长：约2毫米

生孩子才是蜜月的真正目的

摇蚊的头部相对于整个身体比较小，复眼发达，身体纤弱细长，体色有白色、黄色、黑色等，身上有鲜明的色斑。摇蚊的幼虫颜色浅淡，有的摇蚊体液中含有血红素，因此身体呈现血红色，成虫几乎不取食，或者只摄取少量含有糖分的液体。

● 有目的的蜜月旅行

羽化后的摇蚊有婚飞的习惯。在蜜月之前，它们会慎重地选择蜜月地点。一般它们会选择水面的上空，作为自己的旅行之地。在交配的时候，摇蚊直接把孩子放到水面，或把胶质卵带粘附在水生植物上，这才是它们度蜜月的真正目的。

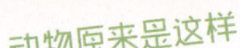
动物原来是这样

● "房子"才是最好的防护基地

这些被产在水里的卵,在水中待上几天之后,就会孵化出幼虫。大部分幼虫在"小时候"就开始张罗着"盖房"的事了。它们会用唾腺分泌物粘附淤泥或沙砾,修建一个属于自己的软薄的管状巢筒。在"房子"盖好以后,它们就开始以"房子"为基地,寻找食物养活自己了。它们会把头伸到"房子"外面,吃一些藻类、细菌、水生植物的叶片等。这样,一旦发现敌人的踪影,它们就能够迅速把头缩回到"房子"中,免受侵害。

倔强的虫子

● 过冬有技巧

在温暖的季节，雌性摇蚊并不需要"爱情"，它们会独自产下后代。但是一旦到了秋末，为了保证自己的孩子能够顺利地度过寒冷的冬季，夏卵中会孵出一些雄性摇蚊，因为只有和雄性摇蚊产下的卵，才能够休眠，在第二年的春季继续发育。实验证明，冬眠的卵不需要水分，在干燥20年后，它们依然能够孵化出摇蚊。至于冬卵为什么能够存活这么长时间，这需要我们继续研究了。

动物原来是这样

刺 蛾

类目：昆虫纲鳞翅目刺蛾科
体长：10~20毫米

没有脚，吸盘更方便

刺蛾的体色为灰褐色，腹面和足的颜色较深，触角呈雌丝状，前翅为灰褐色，且略微点缀着紫色的斑点，后翅布满暗褐色斜纹。刺蛾的蛹接近椭圆形，为乳白色，羽化时会逐渐转变为黄褐色，茧呈椭圆形，颜色为暗褐色。刺蛾喜欢啃食菜叶，对蔬菜的危害很大。

● 利用吸盘扩大活动范围

与其他蛾的幼虫不同，刺蛾幼虫的身体上没有用来爬行的脚，而是用许多微小的吸盘取而代之。因此刺蛾幼虫行动起来并不是爬行而是滑行，样子就像一只长了刺的蛞蝓（鼻涕虫）。用吸盘来代替脚的好处就是让刺蛾幼虫可以爬上一些较为光滑的平面，从而使它们扩大自己的活动范围，可以去更多的地方捕食。

● 扮扮怪物也能吓跑敌人

生性谨慎的刺蛾幼虫不会放松自己的茧的制作，会选择在隐蔽的叶间结茧，还会把自己的附肢伸出茧外，用来保护和伪装自己。原本光滑的茧上莫名其妙地长出几条腿来，任谁都会觉得不可思议。捕食者们看到一个长相如此怪异的茧，恐怕也是会三思而后行的。

倔强的虫子

●幼虫更需要防护本领

几乎所有的昆虫都不具备看护幼虫的本能，所以刺蛾幼虫打一出生就懂得保护自己。当遭到敌人的袭击时，幼虫赶紧绷紧自己全身的肌肉，随着肌肉的紧张，身上那些软绵绵的肉刺会随之膨胀起来。面对一个全身长满硬刺的幼虫，敌人总是要掂量掂量的。敌人无论从哪个角度咬下去，都不可避免地被幼虫的硬刺扎到。趁着敌人犹豫之际，小幼虫便会悄悄地逃走。

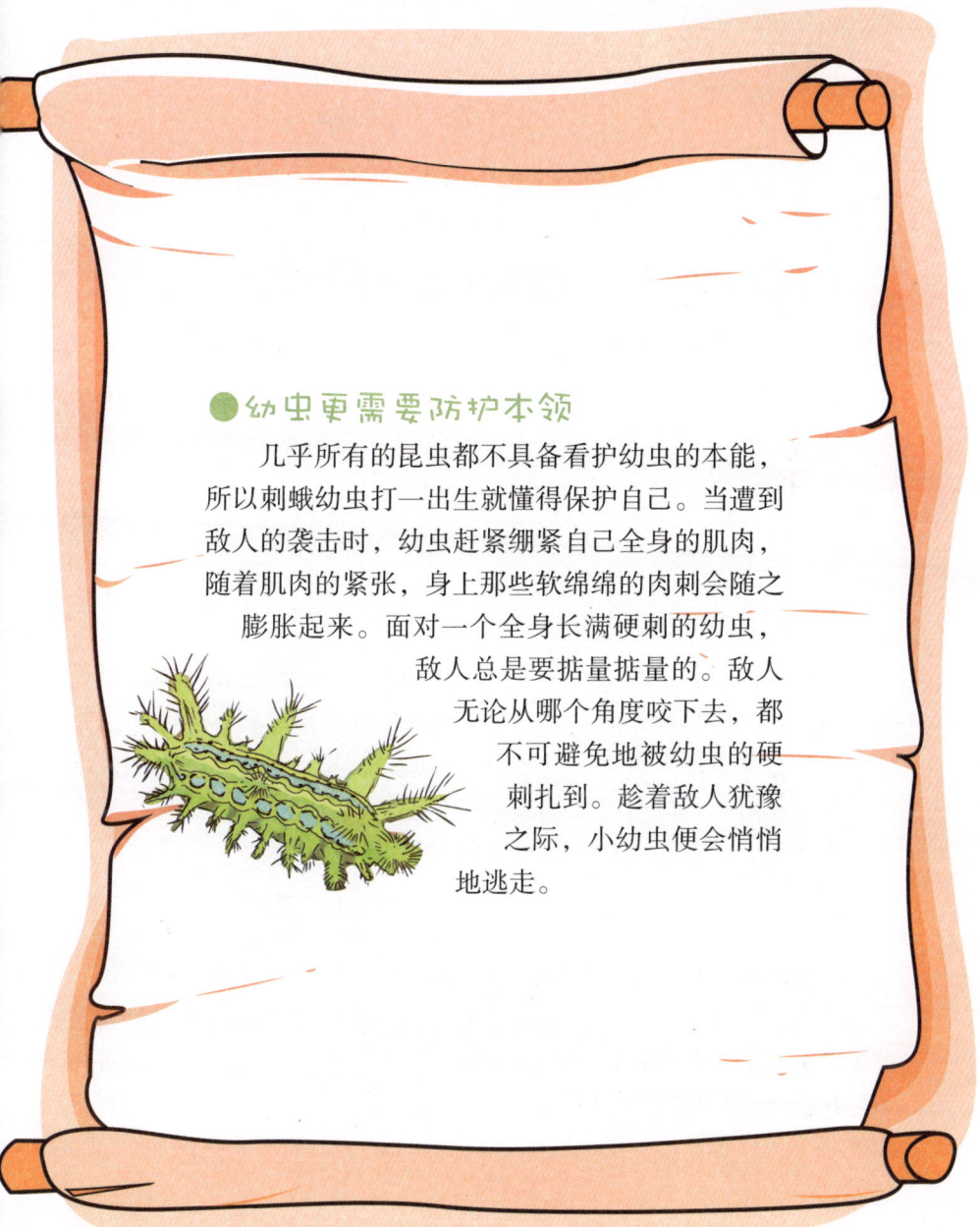

动物原来是这样

螟（míng）蛾

类目：昆虫纲鳞翅目蛾亚目螟蛾科

体长：15~35毫米

潜入蜂巢产卵的霸主

螟蛾的身体细长，体型不一，有单眼和复眼。触角细长，幼虫蜕皮的次数较多，有4~5次，蛹呈纺锤形状。成虫不喜欢阳光，喜欢在夜间飞翔，处于室内的螟蛾在白天也能活动。成虫的寿命很短，只有7天左右。

● 潜入蜂巢产卵

螟蛾科的蜡螟是一群专好入室抢劫的无赖。雌蛾会潜入蜂房里产卵，这样，出生后的幼虫们就可以有足够的蜂蜡来填饱肚子了。这类幼虫对蜂巢的破坏性极强，会造成巢内的蜜蜂患上"白头蛹"病，这时工蜂才会着手清除这些捣乱的螟蛾幼虫。但有时工蜂们的亡羊补牢之举为时已晚，因为整个蜂巢早就被螟蛾霸占了。

● 看吧！不讲卫生害苦了谁

螟蛾的幼虫是一种善于吐丝的小昆虫，它们常会在树枝间或树叶间吐丝做成管型的网，并生活在其中。但是这些幼虫不讲卫生，管型网里常有它们的排泄物，而幼虫又以谷物为食，因此那些谷物就难免与螟蛾幼虫的排泄物接触在一起，变得不能食用了。螟蛾啊，做害虫也就罢了，竟还做个不讲卫生的害虫！

倔强的虫子

●幼虫能在水下呼吸

螟蛾喜欢将自己的孩子产在水里，可那些幼虫难免会遭到其他种类昆虫的袭击。当遭遇袭击时，螟蛾幼虫会赶紧闭气潜入水下躲避。不过那些敌人也很狡猾，它们停留在水面上死等着螟蛾的幼虫："哼！我倒要看看你在水下能忍多长时间。"可它们不知道，螟蛾的幼虫在水下也能呼吸，实在憋得受不了时，螟蛾幼虫会赶紧游到水下植物的周围，将自己的长嘴插进植物的根叶里直接吸取氧气。